"十二五"国家重点出版物出版规划项目

图解畜禽标准化规模养殖系列丛书

奶牛标准化规模养殖图册

王之盛　刘长松　主编

中国农业出版社

内容简介

本书图文并茂地介绍奶牛标准化规模养殖全过程的关键技术环节和要点，包括奶牛场选址与设计、饲料与日粮配制、奶牛的品种与繁殖技术、饲养管理技术规范、环境卫生与防疫、常见疾病诊治、乳品加工、奶牛场经营管理等内容，文中收录的图片和插图生动、逼真，文字简练、易懂、富有趣味。适合奶牛养殖场及相关技术人员参考。

丛书编委会

本书编委会

顾　　问　郑鸿培　陈代文　刘兴军

主　　编　王之盛　刘长松

副 主 编　薛　白　卜登攀　王立志　曹志军　杨盛兴

编写人员　（按姓氏笔画排序）

卜登攀　王之盛　王立志　付光文　白　雪

朱　兵　刘长松　杨盛兴　何　桥　余群莲

邹华围　沈留宏　骆良云　唐春梅　黄文明

曹志军　康　坤　彭点懿　蔡景义　谭　翠

薛　白

主　　审　李胜利

总　序

我国畜牧业近几十年得到了长足的发展和取得了突出的成就，为国民经济建设和人民生活水平提高发挥了重要的支撑作用。目前，我国畜牧业正处于由传统畜牧业向现代畜牧业转型的关键时期，畜牧生产方式必须发生根本的变革。在新的发展形势下，尚存在一些影响发展的制约因素，主要表现在畜禽规模化程度不高，标准化生产体系不健全，疫病防治制度不规范，安全生产和环境控制的压力加大。主要原因在于现代科学技术的推广应用还不够广泛和深入，从业者的科技意识和技术水平尚待提高，这就需要科技工作者为广大养殖企业和农户提供更加浅显易懂、便于推广使用的科普读物。

《图解畜禽标准化规模养殖系列丛书》的编写出版，正是适应我国现代畜牧业发展和广大养殖户的需要，针对畜禽生产中存在的问题，对猪、蛋鸡、肉鸡、奶牛、肉牛、山羊、绵羊、兔、鸭、鹅等10种畜禽的标准化生产，以图文并茂的方式介绍了标准化规模养殖全过程、产品加工、经营管理的关键技术环节和要点。丛书内容十分丰富，包括畜禽养殖场选址与设计、畜禽品种与繁殖技术、饲料与日粮配制、饲养管理、环境卫生与控制、常见疾病诊治与防疫、畜禽屠宰与产品加工、畜禽养殖场经营管理等内容。

本套丛书具有鲜明的特点：一是顺应“十二五”规划要求，引领产业发展。本套丛书以标准化和规模化为着力点，对促进我国畜牧业生产方式的转变，加快构建现代产业体系，推动产业转型升级，深入推进畜牧业标准化、规模化、产业化发展具有重要意义。二是组织了实力雄厚的创作队伍，创作团队由国内知名专家学者组成，其中主要包括大专院校和科研院所的专家、教授，国家现代农业产业技术体系的岗位科学家和骨干成员、养殖企业的技术骨干，他们长期在教学和畜禽生产一线工作，具有扎实的专业理论知识和实践经验。三是立意新颖，用图解的方式完整解析畜禽生产全产业链的关键技术，突出标准化和规模化特色，从专业、规范、标准化的角度介绍国内外的畜禽养殖最新实用技术成果和标准化生产技术规程。四是写作手法创新，突出原创，用作者自己原创的照片、线条图、卡通图等多种形式，辅助以诙谐幽默的大众化语言来讲述畜禽标准化规模养殖以及产品加工过程中的关键技术环节和要求，以及经营理念。文中收录的图片和插图生动、直观、科学、准确，文字简练、易懂、富有趣味性，具有一看就懂、一学即会的实用特点。适合养殖场及相关技术人员培训、学习和参考。

本套丛书的出版发行，必将对加快我国畜禽生产的规模化和标准化进程起到重要的助推作用，为现代畜牧业的持续、健康发展产生重要的影响。

中国工程院院士
中国畜牧兽医学会理事长
华中农业大学教授
陈焕春

2012年10月8日

序

《奶牛标准化规模养殖图册》由王之盛教授组织长期活跃在教学和生产一线的国内高校及科研院所的相关专家、企业管理者和技术人员等科技工作者精心编著。全书以简洁的文字和500多张丰富多彩的图片，栩栩如生地描述了奶牛场选址与设计、奶牛的品种与繁殖技术、饲料与日粮配制、饲养管理技术规范、环境卫生与防疫、常见疾病诊治、乳品加工和奶牛场管理等标准化生产的技术过程。

该书汇集了国内外大量的奶牛养殖最新科学技术和研究成果，突出了奶牛标准化养殖中养殖设施化、品种良种化、饲养管理规范化、疫病防控制度化、粪污处理无害化等核心技术内容，反映了国内外奶业生产的最新生产动态和发展趋势，既有实用的理论知识、引人入胜又不乏幽默的图片语言，又有丰富的实践功底，且图文并茂，浅显、直观、科学、准确，真正做到了一看就懂，一学就会，便于普及，便于推广，是一本理论联系实际的精品，是一本适合于我国奶牛标准化规模养殖生产实践的培训教材。

本人受托担任该书的主审并作序，深感荣幸！在审阅全书的过程中，也受益匪浅。在《奶牛标准化规模养殖图册》出版之际，表示衷心祝贺，相信该书一定会成为我国奶牛养殖场技术人员、生产管理人员和奶牛养殖业新手的必备参考书，必将在推动我国奶牛标准化规模养殖进程中发挥重要的指导作用。

国家现代奶牛产业技术体系首席科学家 李胜利

2012年9月6日

编者的话

近年来，随着我国居民生活水平不断提高，消费者对肉、蛋、奶等畜禽产品的数量和质量提出了更高的要求。国家高度重视现代畜牧业生产，出台各类帮扶政策，组建现代农业产业技术体系，使我国肉类、禽蛋产量连续多年稳居世界第一。然而，我国畜牧业正处于由传统畜牧业向现代畜牧业转型的关键时期，在畜牧业高速发展和规模扩张的同时，也带来了一些不容忽视的问题，如养殖设施不齐备、饲养管理不规范、良种良繁率不高、饲料配方科学化和疾病防疫制度化程度不高、粪污无害化处理普及率低，从而导致了畜禽病多、淘汰率高、单产低、环境污染日趋加重、畜禽产品安全隐患突出、养殖综合效益低等系列问题。随着我国工业化、城镇化的快速发展，农村劳动力转移，散养农户逐步退出，规模化养殖场逐步增加。因此，要有效解决现代畜牧业面临的诸多问题，必须转变养殖观念、加大先进技术的集成应用力度，提升现代科技水平，实现畜禽规模养殖的科学化和标准化。

长期以来，我国动物营养、育种繁殖、疫病防控、食品加工等专业人才培养滞后于实际生产发展的需要，养殖场从业人员的文化程度和专业水平普遍偏低。虽然近年来出版的有关畜禽养殖生产的书籍不断增多，但是养殖场的经营者和技术人员难以有效理解书籍中过多和繁杂的理论知识并用于指导生产实践。为了促进和提高我国畜禽标准化规模养殖水平、普及标准化规模养殖技术，出版让畜禽养殖从业者看得懂、用得上、效果好的专业书籍十分必要。2009年，编委会部分成员率先编写出版了《奶牛标准化规模养殖图册》，获得读者广泛认可，在此基础上，我们组织了四川农业大学、中国农业大学、中国农业科学院北京畜牧兽医研究所、山东农业大学、山东省农业科学院畜牧兽医研究所、华中农业大学、四川省畜牧科学研究院、新疆畜牧科学院以及相关养殖企业等多家单位的长期在教学和生产一线工作的教授和专家，针对畜禽养殖存在的共性问题，编写了《图解畜禽标准化规模养殖系列丛书》，期望能对畜禽养殖者提供帮助，并逐步推进我国畜禽养殖科学化、标准化和规模化。

该丛书包括猪、蛋鸡、肉鸡、奶牛、肉牛、山羊、绵羊、兔、鸭、鹅等10个分册，是目前国内首套以图片系统、直观描述畜禽标准化养殖的系列丛书，可操作性和实用性强。然而，由于时间和经验有限，书中难免存在不足之处，希望广大同行、畜禽养殖户朋友提出宝贵意见，以期在再版中改进。

编委会

2012年9月

前言

奶牛标准化养殖生产是现代农业的重要组成部分，随着我国居民收入增加和消费观念的改变，奶产品消费量逐年增加，奶业迎来了高速发展和规模扩张的黄金时期。奶牛养殖生产已从小规模家庭式生产逐步转变为规模化、集约化生产，但其增长特点主要为数量型增长，而质量效益型增长不足。奶牛养殖标准化滞后，主要表现在养殖设施化、品种良种化、饲养管理规范化、疫病防控制度化、粪污处理无害化、产品开发多元化等方面尚存不足。重医治轻饲养、淘汰率高、乳品质量及安全问题、养殖综合效益低等系列问题依然存在。实施奶牛标准化规模养殖是解决上述问题的根本途径。

由于长期形成的学科建设不平衡，从事奶牛营养、兽医、繁殖的专业人才培养滞后于生产发展的需要，养殖场从业人员的文化素质普遍偏低，未能有效理解有关书籍中过多和繁杂的理论知识并用于指导生产实践，不能有效建立奶牛标准化养殖的长效机制。因此，编写让奶业生产者和经营管理者看得懂、用得上，服务“三农”的直观易懂的专业书籍，对推动奶牛标准化规模养殖进程具有重要意义。

根据国家“十二五”期间加强畜禽标准化规模养殖的要求，在国家现代奶业产业技术体系及有关单位的帮助下，我们组织了长期活跃在教学和生产一线的国内高校及科研院所的相关专家、企业管理者和技术人员等，共同编著了可供奶牛场经营者和技术人员直观学习和实际操作的《奶牛标准化规模养殖图册》，期望养殖者能按图养牛，使“以牛为本、以养为重、标准化生产”的思想得以贯彻和实施，促进奶牛养殖规模化、标准化。

该图册以图文并茂的形式，以可操作性和实用性为重点，系统、直观地描述了奶业产业链建设和标准化生产过程。但由于时间和经验的关系，该书中仍存在不足之处，希望广大同行、奶牛养殖界朋友提出宝贵意见，以期在再版中改进。

编　者

2012年8月于雅安

目　录

1 第一章 奶牛场选址与设计

第一节 奶牛场选址与布局

一、选址原则

符合《中华人民共和国畜牧法》及当地土地利用发展规划与农牧业发展规划的要求，地势高燥，总体平坦，背风向阳，水、电和路三通，利于卫生防疫、环境保护和今后的发展。奶牛场选址应距居民点1 000米以上，且处于下风处，离公路主干线不小于500米，远离其他养殖场，周围1 500米以内无易产生污染的企业和单位。

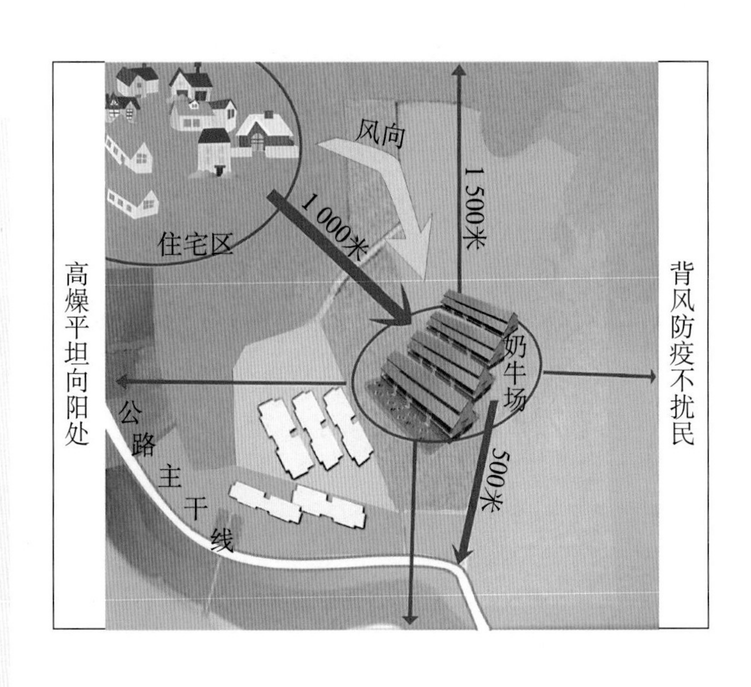

二、奶牛场的布局

奶牛场的布局一般分五个区域：管理区、辅助区、生产区、粪污处理区、病牛隔离区。规模化奶牛场的管理区、生活区应处于上风处。粪污处理、病牛隔离区应设在生产区外围下风、地势较低处，与生产区保持300米以上的间距。

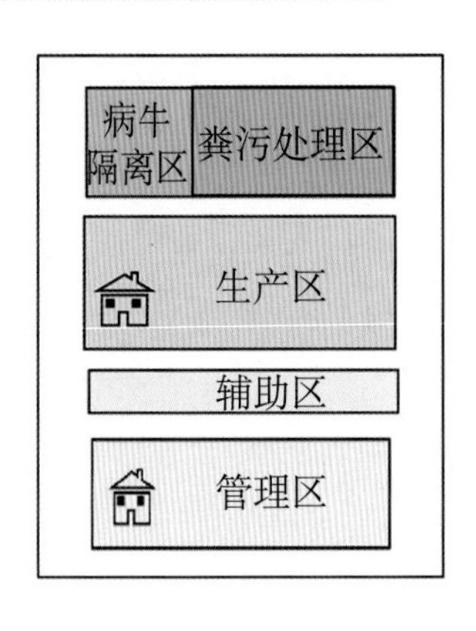

● **生活管理区**　包括经营、管理、化验等有关的建筑物，应在牛场（小区）上风处和地势较高地段，并与生产区严格分开，保持适当距离。

奶牛场办公区及住宅区

● **辅助生产区**　主要包括供水、供电、维修、饲草料库、青贮窖等设施，要紧靠生产区布置。干草库、饲料库、饲料加工调制车间、青贮窖应设在生产区边沿、地势高燥处。

● **生产区**　是核心区域，包括牛舍、挤奶厅、人工授精室等生产性建筑。入口处设人员消毒室、更衣室和车辆消毒池。生产区奶牛舍能够满足奶牛分阶段、分群饲养的要求，泌乳牛舍应靠近挤奶厅，各牛舍之间要保持适当距离，布局整齐，以便防疫和防火。

● **粪污处理、病牛隔离区**　主要包括兽医室、隔离牛舍、病死牛处理及粪污贮存与处理设施。应设在生产区外围下风、地势低处，与生产区保持100米以上的间距。粪尿污水处理、病牛隔离区应有单独通道，便于病牛隔离、消毒和污物处理。

第二节　奶 牛 舍

一、奶牛舍类型

按开放程度可分为全开放式（也称凉亭式）、半开放式（三面有墙）、全封闭式奶牛舍。其中全开放式结构简单，四周无墙。顶棚结构坚固，一般采用钢架结构，可选用100毫米复合彩钢板。

全开放式奶牛舍

全封闭式奶牛舍

按屋顶结构有钟楼式、半钟楼式、双坡式和单坡式奶牛舍等。奶牛舍修建一般安置在与主风向平行的下风方向，应结合当地地势修建，要求冬天防西北风、防寒，夏天能防西晒、防高温潮湿。

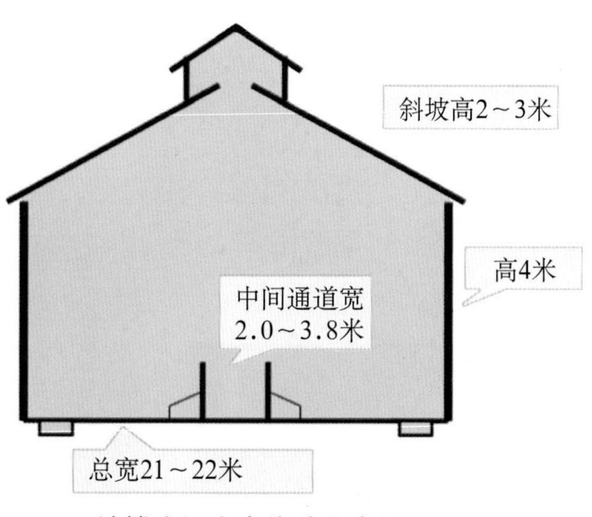

钟楼式奶牛舍修建示意图

按奶牛在舍内的排列方式分为单列式、双列式、多列式等。

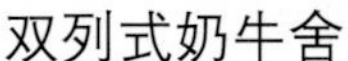

双列式奶牛舍　　　　多列式奶牛舍

南方地区夏季气候高温、潮湿，奶牛舍一般为全开放双坡双列式牛舍，每列一般不超过100个牛位，每列可分为2 ～ 3个饲养单元。北方地区由于冬季寒冷、干燥，建议采用大门窗的双坡式牛舍。

全开放双坡双列式奶牛舍

二、奶牛舍修建要求

● **奶牛舍地面**　要求致密坚实，不打滑，有弹性，便于清洗消毒，具有良好的清粪排污系统，地面可采用混凝土、立砖、沙土、橡胶垫或漏缝地板。目前奶牛场多为混凝土地面，底层为夯实素土，中间层为粗沙石垫层，表层为100毫米的C20混凝土。表层采用凹槽处理防滑，条形凹槽宽、深均为1厘米，间距3 ～ 4厘米，六边形凹槽的宽度、深均为1厘米，边长5厘米。

混凝土条形凹槽地面

漏缝地板

● **牛床**　牛床应按奶牛的种类和生长阶段设计。牛床设计的推荐标准为：泌乳牛的牛床面积（1.65 ~ 1.85）米 ×（1.10 ~ 1.20）米，青年母牛的牛床面积（1.50 ~ 1.60）米 ×1.10 米，育成牛的牛床面积（1.60 ~ 1.70）米 ×1.00 米。犊牛的牛床面积1.20 米 ×0.90 米。牛床应该有1% ~ 2%左右的坡度，便于粪尿流入粪尿沟。大型奶牛场可配备沙床（长1.8 米、宽1.1 米、靠背高1.2 米、前台宽0.55 米、坑深0.25 米）。产房牛床的数量按奶牛场发展规模的成年母牛数量的10% ~ 15%设置。

育成牛的牛床尺寸

犊牛的牛床尺寸

沙床靠背高约1.2米

沙床宽1.1米

沙床长1.8米

沙床尺寸大小

● **产房**　产房是专用于母牛产犊的地方，是在围产期（分娩前、后15天）奶牛的主要生活场所。良好的产房环境可减少围产期奶牛发病率，尤其是产科疾病发病率。产房要求冬暖夏凉，易于清洗消毒、接生助产。产房牛床数量可按牛场成年母牛数的10%～15%设置。

产房牛床大小

● **犊牛岛**　初生至断奶前犊牛宜采用犊牛岛饲养，既可采用专用聚乙烯原料制作，无底板，需内铺垫草，也可根据牛场实际需要和条件，用钢管等材料规范化制作犊牛岛，保证牛犊健康成长，犊牛岛外面安装网状围栏。

犊 牛 岛

室内双列式犊牛岛

● **牛栏**　分为自由卧栏和拴系式牛栏两种，前者的隔栏结构主要有悬臂式和带支腿式，后者根据拴系方式不同分为链条式和颈枷式两种。

悬臂式隔栏

链条式牛栏

颈枷式牛栏

牛舍内部以双列式头对头饲养应用最广，这种牛舍通常采用地面饲槽，有利于全混合日粮机饲喂，也便于余料收集和饲槽清扫。

双列式头对头牛舍

双列式尾对尾牛舍

● **饲喂通道**　位于饲槽前，其宽度以便于操作为原则，机械化饲喂的牛场饲喂通道宽度为4米左右，而双列式尾对尾牛舍的饲喂通道较窄，约为1.5米左右，坡度1%。

全混合日粮机械饲喂通道

双列式尾对尾牛舍饲喂通道

● **清粪通道** 宽度为1.6～2.0米，路面向沉淀池最好有大于1%的坡度，高度一般低于牛床，地面应抹制粗糙。

清粪通道

● **粪尿沟** 多为明沟，半瓦形比方形沟好，沟宽30～40厘米，沟底略向沉淀处倾斜，坡度根据粪尿沟的长度设定，一般向沉降坑的坡度约为1%，以利于粪尿的排放。

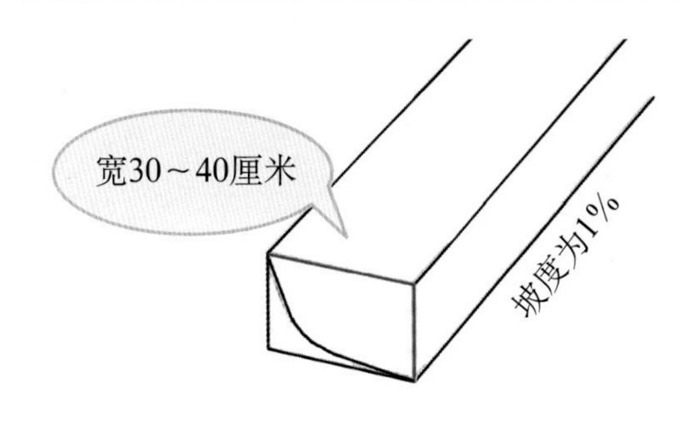

半瓦形粪尿沟

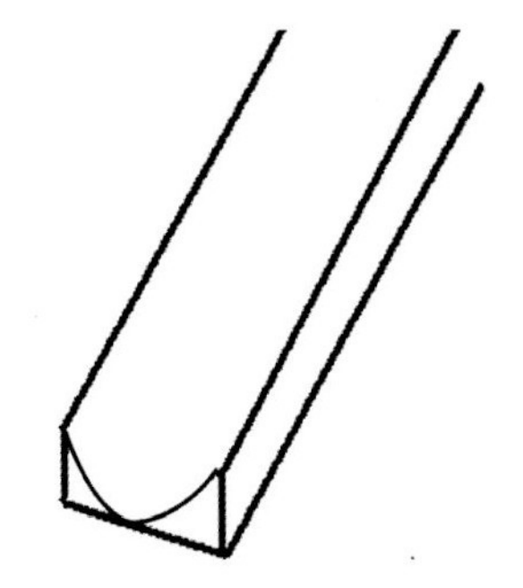

粪尿沟示意图

● **饲槽** 饲槽分为有槽饲槽和地面饲槽（无槽饲槽）。有槽饲槽适合于人工饲喂、地面饲槽适合于机械饲喂。饲槽位于牛床前，长度与牛床总宽度相等，底平面高于牛床。饲槽必须坚固、光滑、便于洗刷，槽面不渗水、耐磨、耐酸。

拴系式的有槽饲槽参考尺寸（厘米）

奶牛饲槽尺寸	槽上部内宽	槽底部内宽	近牛侧沿高	远牛侧沿高
成年奶牛	60～70	40～50	30～35	50～60
青年牛和育成牛	50～60	30～40	25～30	45～55
犊牛	30～35	25～30	15～20	30～35

饲槽示意图

● **颈枷**　一般用钢管制，高约1.45米，宽0.21 ～ 0.22米，钢管内径3.5厘米。

● **饮水器**　典型的饮水器为碗状，直径20 ～ 25厘米，深度10 ～ 15厘米，高度一般距牛槽底部20 ～ 40厘米。

碗状压板式自动饮水器

第三节 运 动 场

一、地面处理

运动场地面最好用三合土夯实，要求平坦、干燥，有一定的坡度，中央高、四周低，易排水，运动场围栏三面应设排水沟。也可建造水泥地面，易清扫，不泥泞，雨天、晴天均可放牛，但水泥地面夏季辐射热大，冬季地面冰冷。为了克服这种现象，运动场可采用一半水泥地面，一半泥土地面，中间设隔离栏。土质地面干燥时开放，下雨或潮湿时关闭，在运动场全面开放时，牛可自由选择活动和休息的地方。这种运动场在南方还可以保证连续阴雨时，牛有活动的地方。

沙土地面

水泥地面

碎石地面

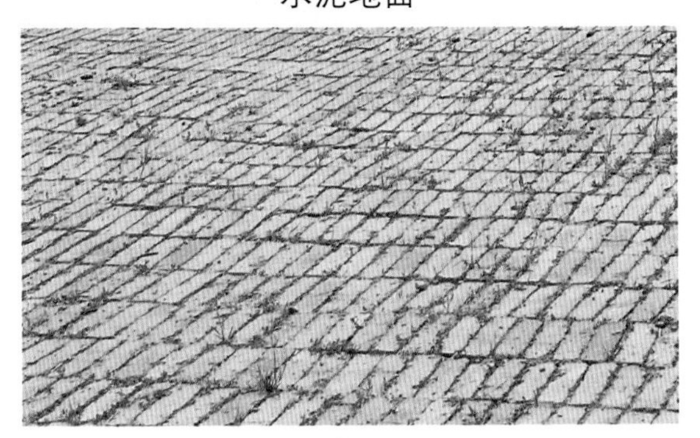

立砖地面

二、运动场面积

成年乳牛的运动场面积约为每头15 ~ 20米^2，青年牛为每头15米^{2}左右，育成牛为每头10米^{2}左右，犊牛为每头8米^{2}左右。运动场可按50 ~ 100头的规模用围栏分成小的区域，便于管理和打扫卫生。

三、运动场设施

● **饮水槽**　在运动场边设饮水槽，按每头牛20厘米计算水槽的长度，槽深60厘米，水深不超过40厘米，供水充足，保持饮水新鲜、清洁。水槽地基及其周围应该坚固、结实，向外约有2%～3%的倾斜，以利于排水。

普通饮水槽

加热式饮水槽

● **运动场围栏** 包括横栏与栏柱，围栏必须坚固，栏杆高1.2 ~ 1.5米，每隔一定距离（约2 ~ 3米）设栏柱，可用钢管或水泥桩柱建造，要求结实耐用。

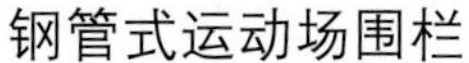
钢管式运动场围栏

钢绳式围栏

● **凉棚** 运动场应设凉棚，凉棚面积按每头成年乳牛4米^{2}左右，青年牛、育成牛3米^{2}左右计算。凉棚高3 ~ 4米，长轴线一般东西朝向，以防夏季阳光直射凉棚下的地面，棚盖应有较好的隔热能力。

凉　棚

第四节　挤 奶 厅

一、挤奶厅类型

规模化奶牛场应在靠近泌乳牛舍建挤奶厅，挤奶厅的大小应根据奶牛场现阶段的养牛数和未来的养殖规模综合考虑修建。挤奶厅分为并列式挤奶厅、平面畜舍式挤奶厅、转盘式挤奶厅和鱼骨式挤奶厅。

● **并列式挤奶厅一般尺寸** 池深70厘米、宽205厘米，牛进出走道宽160厘米、净空90厘米，挤奶杯间距为115厘米，挤奶厅高380厘米。

并列式挤奶厅

鱼骨式挤奶厅

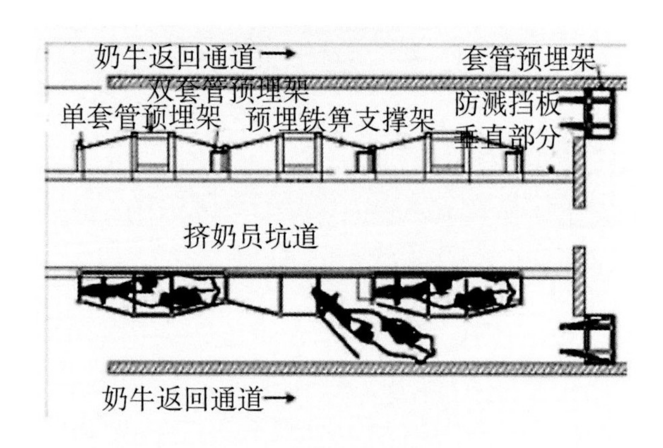

箱式挤奶厅示意图

转盘式挤奶厅

二、贮奶配套设施

挤奶厅应配套修建挤奶通道、冷却贮奶罐、热水供应室。牛奶挤出后通过管道直接流入贮奶罐，保证中间无污染环节。

冷却贮奶罐

电热水器

● **挤奶机**　小型牛场或无条件修建挤奶厅的牛场，以及有挤奶厅但牛场有产奶的病弱牛或需单独挤奶的牛，可购置手推挤奶机挤奶。

单桶挤奶机

双桶挤奶机

第五节 奶牛场配套设施

一、辅助生产区配套设施

● **电力、道路** 牛场电力负荷为2级，有条件的牛场宜自备发电机组。牛场与场外运输连接的主干道宽6米，通往畜舍、干草库（棚）、饲料库、饲料加工调制车间、青贮窖及化粪池等，运输支干道宽3米。牛场要设计净道和污道，净道与污道必须分开。

主干道路

支干道路

净 道

污 道

● **地磅** 牛场为了便于称量，一般安装电子地磅，地磅置于靠近牛场入口处的室外，连接的电子显示器可置于牛场值班室内，地磅称重范围一般在10～20吨。

电子地磅

● **饲草料储存间** 应设在管理区或生产区的上风处，尽量靠近奶牛采食区，以便缩小向各个牛舍的运输距离。饲草贮存量应满足3～6个月生产需要用量的要求。在有条件的牛场，精饲料的贮存量应满足1～2个月生产用量的要求。

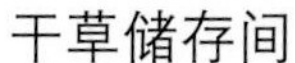
干草储存间

精饲料储存间

● **青贮窖** 应建在牛场附近地势高燥处，地窖地面高出地下水位2米以上，窖壁平滑，窖壁、窖底可用水泥或砖块等材料筑成，三面为墙，一面敞开，墙壁、窖底修建坚固并抹平。青贮窖一般有地下式青贮窖、半地下式青贮窖、地面青贮窖和青贮塔四种类型，窖形一般为长方形，窖底稍有坡度，并设排水沟。青贮窖一般深2.5～4米，长度、宽度因贮量、养牛数和地形而定，青贮窖的容积应保证每头牛每年不少于7米^3。

青贮窖

● **水塔**　设置于生产区边缘，采用符合卫生要求的地下水或自来水，保证每头奶牛每天300 ～ 500升的用水量。水塔容量根据牛场规模能满足停电1 ～ 2天的供水需求设计。水塔高度应保障全场用水压力。

水　塔

● **蹄浴池**　根据牛群的数量可建单池，也可以建多池。其尺寸大小一般内宽为2.4米、内长为3.4米，每池可以容纳4头牛泡蹄。

蹄 浴 池

● **保定架**　主要是为奶牛修蹄等过程起保定作用，分电动式和固定式。

电动式保定架

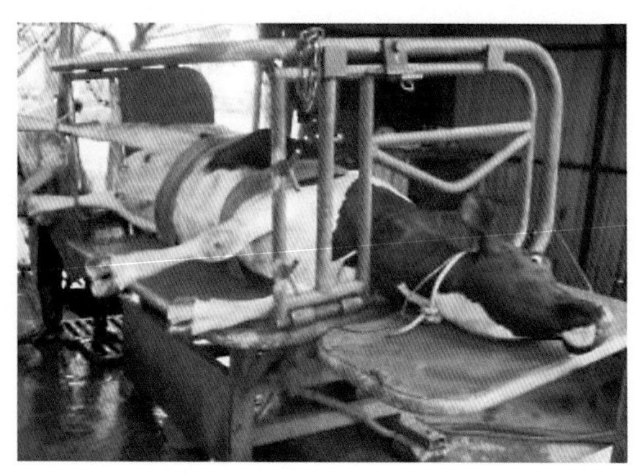

固定式保定架

二、生活管理区配套设施

标准化规模养殖场的生活管理区应规划整洁、安全，主要包括办公楼、职工宿舍、活动厅、食堂等。

办 公 楼

职工之家

活 动 厅

会 议 室

学 习 室

食 堂

信息化管理

冰　柜

改善养殖场的生活条件对提高职工的积极性有重要的作用，生活区和管理区可以适当配置空调、冰箱、饮水机和电视等配套设施。

空　调

冰箱和饮水机

2 第二章 奶牛的品种与繁殖技术

第一节 常用奶牛品种及奶牛选育

一、常用奶牛品种

中国的奶牛品种主要包括中国黑白花奶牛、娟姗牛、兼用型西门塔尔牛、三河牛、牦牛等。中国黑白花奶牛也叫中国荷斯坦奶牛，是由纯种荷兰牛与本地黄牛的高代杂交种经长期选育而成。

娟姗牛属小型乳用品种，是性情温顺、高乳脂率的奶牛品种。

娟 姗 牛

中国黑白花奶牛

西门塔尔牛是世界上有名的乳、肉、役兼用的大型牛品种，我国各地都有饲养。

西门塔尔牛

三河牛是由西门塔尔牛与三河地区本地牛杂交选育而成，是乳、肉兼用型品种。

牦牛原产于青藏高原地区，是乳、肉、役兼用牛。

牦牛扁牛

水牛奶产量虽然较低，但奶中所含蛋白质、氨基酸、乳脂、维生素、微量元素等均高于黑白花牛奶。

奶水牛

二、奶牛的选育

奶牛选育是创高产的前提，选育的主要性状多为有经济价值的数量性状，如产奶量、日增重、乳脂率等。

● **奶牛的选种、选配**　选种就是从奶牛群中，选出最优秀的个体作为种用，使牛群的遗传性状和生产水平不断提高。

➢ **母牛的选留与淘汰**

犊牛及青年母牛的选择　为了保持牛群高产、稳产，每年必须选留一定数量的犊牛、青年母牛。为满足这个需要，并能适当淘汰不符合要求的母牛，每年选留的母犊牛可约占产乳母牛头数的1/3。

犊牛及青年母牛的选留

生产母牛的选择　生产母牛主要根据其本身表现进行选择，包括产乳性能、体质外貌、体重与体型大小、繁殖力（受胎率、胎间距等）、饲料转化率及早熟性和长寿性等性状。最主要的是根据产乳性能进行评定，选优去劣。

生产母牛的选择

➢选配原则与选配计划

公牛的生产性能与外貌等级应高于与配母牛等级。优秀公、母牛采用同质选配，品质较差母牛采用异质选配。避免相同缺陷或不同缺陷的交配组合，牛群应避免近亲交配。

选配计划　审查公牛系谱、生产性能、外貌鉴定、后裔测定资料（包括各性状的育种值，体型线性柱形图及公牛女儿体型改良的效果）和优缺点等。针对本场牛群基本情况，绘制牛群血统系谱图，进行血缘关系分析。选出亲和力最好的优秀公、母牛组合。对没有交配过的母牛，可参照同胞姊妹和半同胞姊妹的选配方案进行，也可作为初配母牛进行选配。

乳牛的选配计划表

母牛				与配公牛				亲缘关系	选配目的	备注
牛号	品种	等级	特点	牛号	品种	等级	特点			

● **奶牛纯繁与杂交改良**　在奶牛生产中，主要采用纯种繁育，也经常采用杂交改良的方式，以提高奶牛质量。

第三节　奶牛生殖机能发育过程

一、初情期

初情期是母牛首次出现发情或排卵的时期（6 ~ 12月龄）。此期发情和排卵不规律，生殖器官的生长发育不充分，因此还不能配种。

初情期奶牛

二、性成熟

母牛首次发情之后（12 ~ 14月龄），生殖器官逐渐发育完全，生殖机能达到比较成熟的阶段，基本具备了正常的繁殖功能。但此时个体的生长发育尚未完成，一般尚不宜配种。

三、初配适龄期

初配适龄期指母牛适宜配种的年龄（15 ～ 18月龄），可以进行正常配种繁殖的时期。开始配种时的体重一般应达到成年体重的70%以上（北方地区达到380千克，南方地区达到350千克左右）。

四、繁殖衰退期

奶牛的繁殖年限为8 ～ 10年，可产4 ～ 6犊；母牛至年老时，繁殖功能逐渐衰退，继而停止发情。繁殖机能衰退期的年龄因品种、饲养管理、气候以及健康状况不同而有差异。

第四节　发情鉴定

一、外部观察法

该方法主要是根据母牛的外部表现来判断其发情程度，确定配种时间。配种人员应早晚巡视牛的阴道黏液排出情况。

● **性兴奋**　表现烦躁不安，常与其他牛额对额地相对立，大声嘶叫，作排尿姿势，尾根经常举起或摇尾，食欲、反刍及乳产量均有下降。

发情母牛常作排尿姿势，尾根经常举起或摇尾

● **生殖道变化**　发情母牛子宫颈外口略开张，阴道前庭黏膜红肿，有强光泽和滑润感，阴户肿胀、湿润，排出的黏液牵缕性强，并垂于阴门之外，俗称“吊线”。

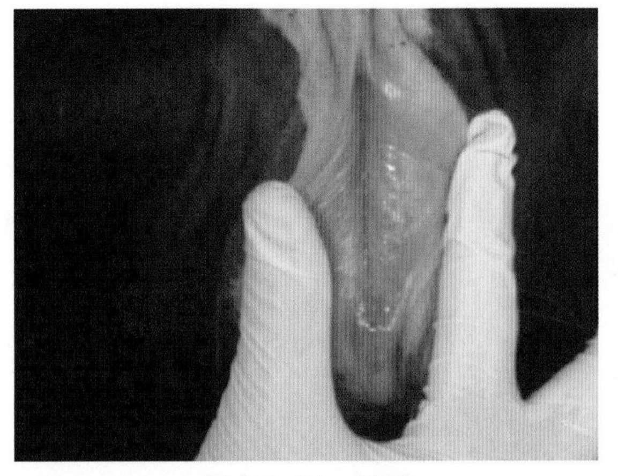

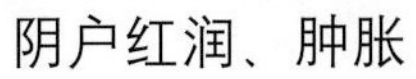
阴户红润、肿胀

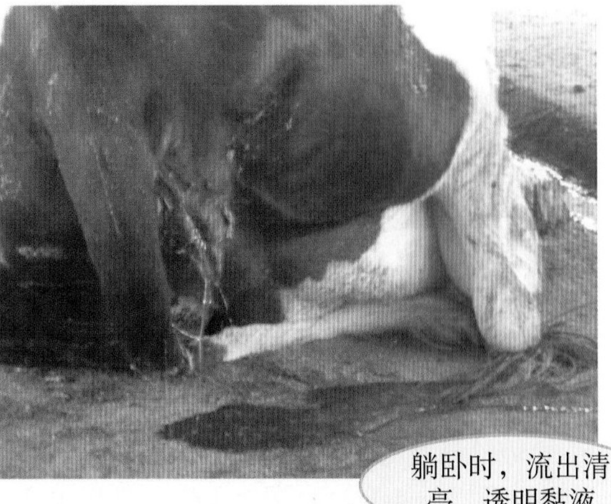
躺卧时，流出清亮、透明黏液

● **性行为**　发情盛期，母牛放入运动场后，追逐并爬跨其他牛，同性性行为增多。发情母牛安静接受其他牛嗅其外阴和爬跨，人触及其外阴，举尾不拒。发情末期，奶牛逐渐安静，尾根紧贴阴门，外阴、阴道的潮红减退，黏液变为乳白色。

嗅其他母牛外阴

爬跨其他奶牛

二、直肠检查法

直肠检查法是术者将手伸进母牛的直肠内，隔着直肠壁触摸检查卵巢上的卵泡发育情况，以便确定配种时期，是目前判断母牛发情准确而最常用的方法（必须由技术熟练的专职配种人员和兽医才能进行此项操作）。

操作时要保定牛只，排除直肠宿粪，检查卵巢上的卵泡发育情况。

发情母牛卵巢上有发育较好的卵泡

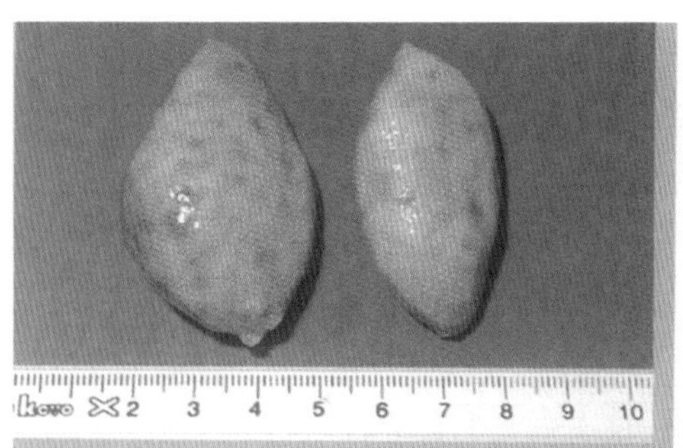

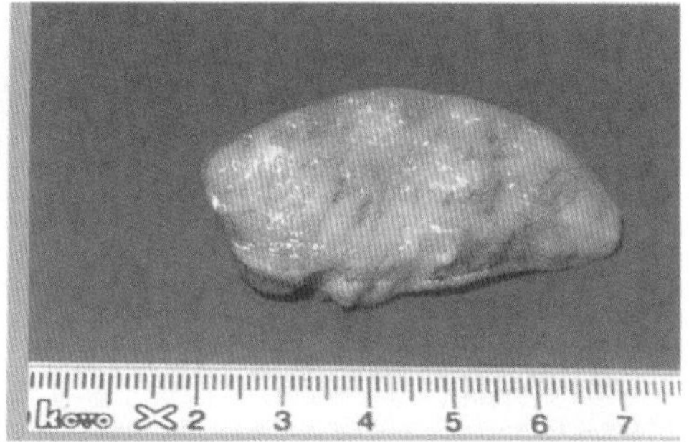

休情期的卵巢

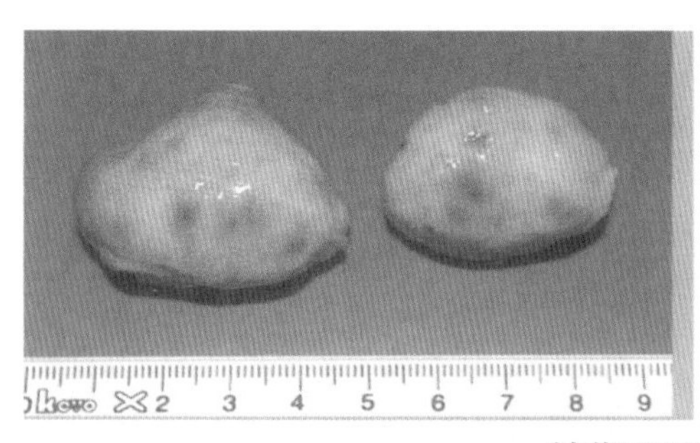

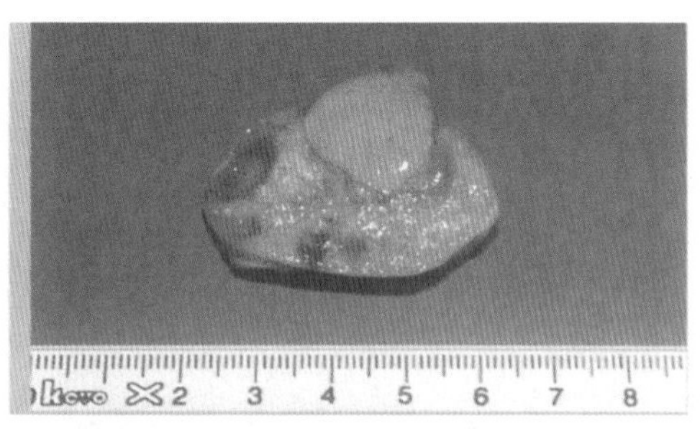

情期17天的卵巢

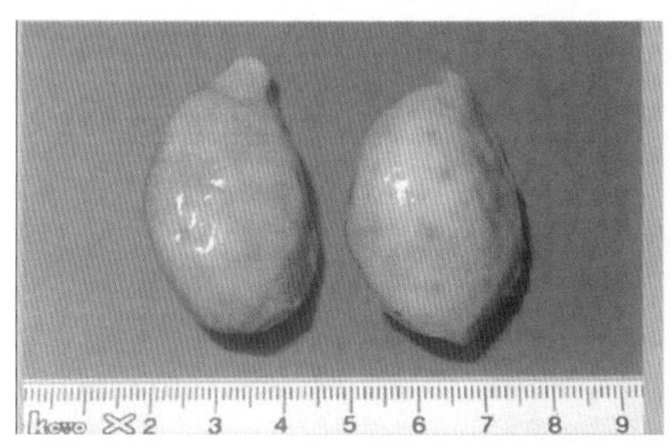

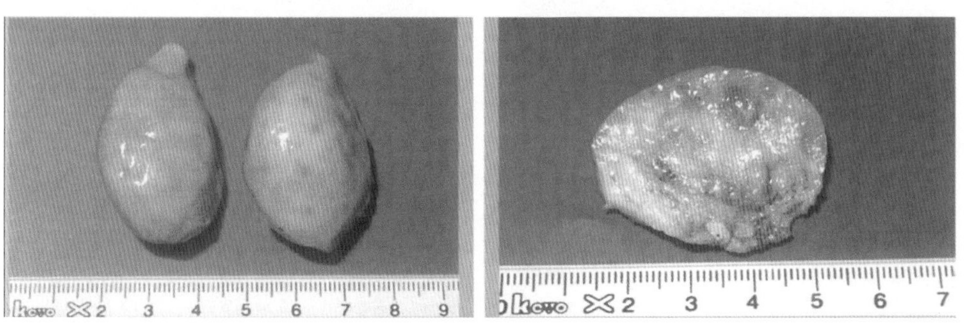

情期20天的卵巢

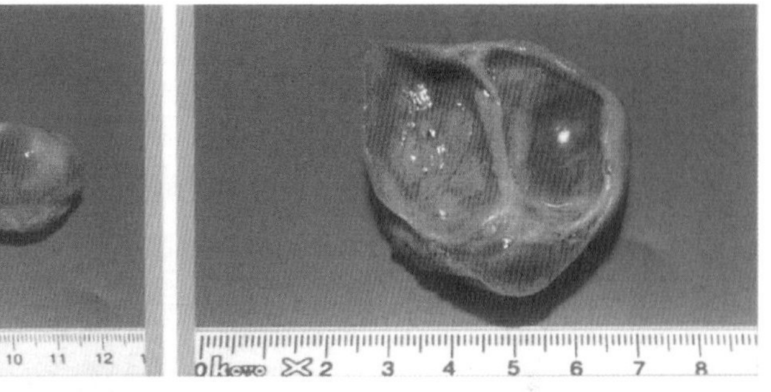

排卵后的卵巢

第五节　人工授精与胚胎移植技术

一、人工授精技术

人工授精是利用专门器械采取公牛的精液，经过品质检查和处理，再用器械把精液输送到发情母牛的生殖道内，使其妊娠，以代替公、母牛自然交配的一种繁殖方法。目前以直肠把握子宫颈深部输精法为首选方法。生产上采用早上发情，当日晚上输精，下午或晚上发情，次日早上输精。一个情期可输精1 ~ 2次，若输2次，前后时间间隔为8 ~ 12小时。奶牛性控冷冻精液配种是提高产母犊最有效的方法。

贮存冷冻精液的液氮罐

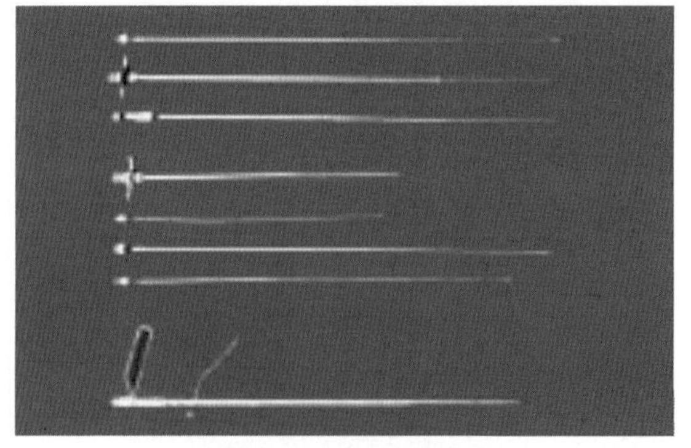

奶牛各种输精器械

● 第一步　从液氮罐中取出细管冷冻精液。

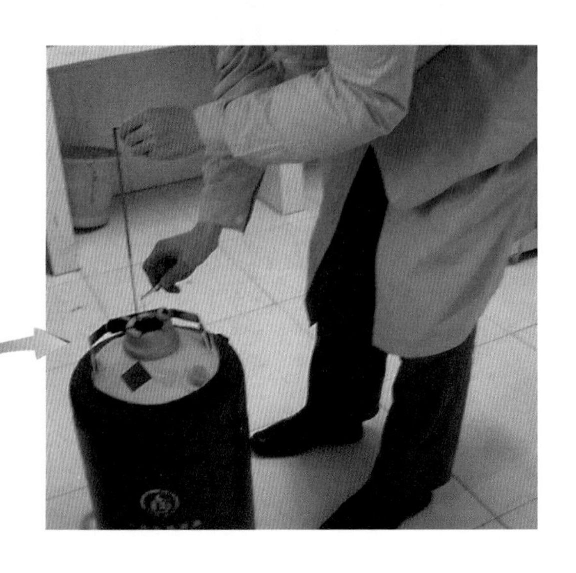

● **第二步** 在37 ～ 40℃水浴解冻细管冻精。

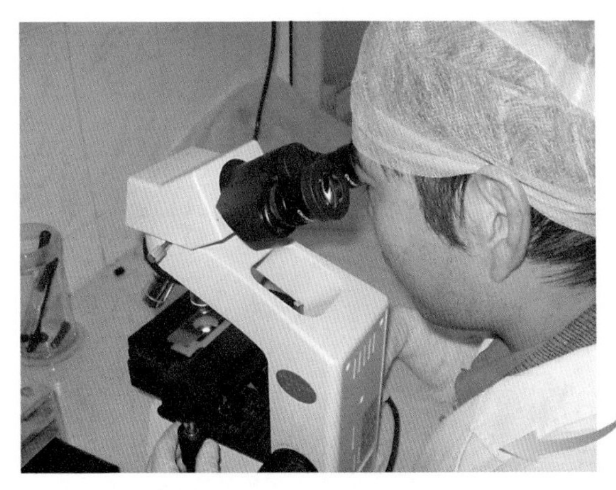

● **第三步** 将解冻好的精液放在显微镜下检查活力，活力达0.3以上方可使用。

● **第四步** 将解冻好的细管精液装入输精枪并戴上套管待用。

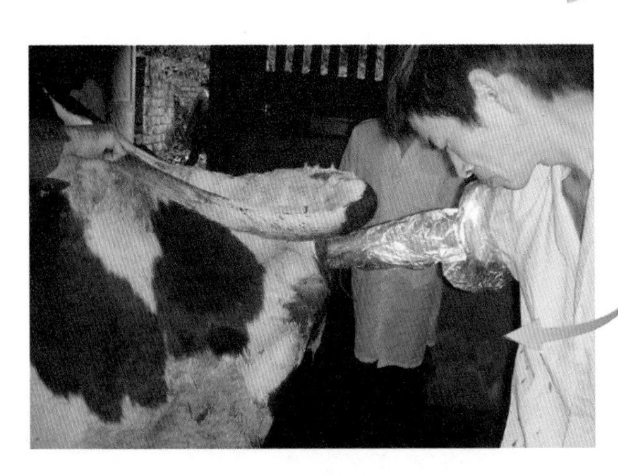

● **第五步** 保定发情母牛，排除直肠宿粪并清洗消毒。

● **第六步** **输精** 将输精枪插到子宫颈深部或子宫体内，推注精液。

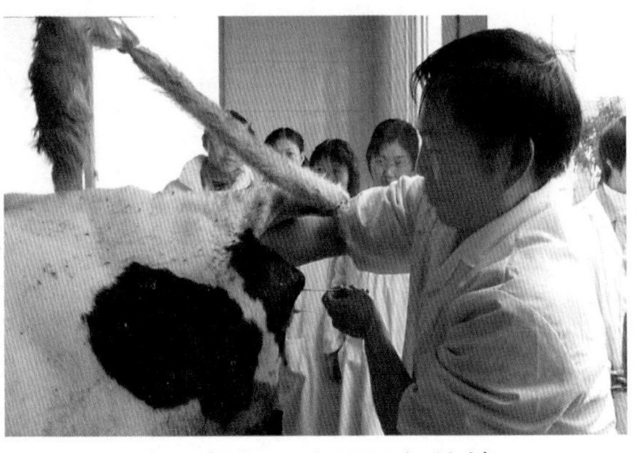

直肠把握子宫颈深部输精

二、胚胎移植技术

胚胎移植指从优良母牛子宫内取出早期胚胎或通过体外受精得到胚胎，将其移植到代孕母牛的子宫内，使其在代孕母牛子宫内发育为新个体的过程。

● **第一步　超数排卵**　在奶牛发情周期内，注射超排激素或用阴道栓处理，诱发卵巢上大量卵泡同时发育并排卵的技术（简称超排）。阴道栓处理法简便易行，其过程见下图。

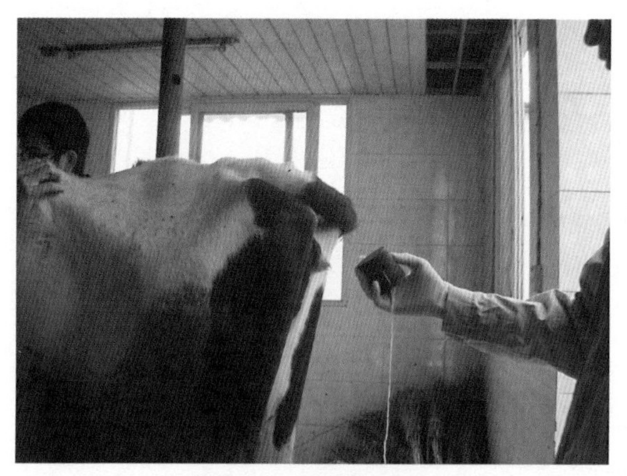

准备放置阴道栓

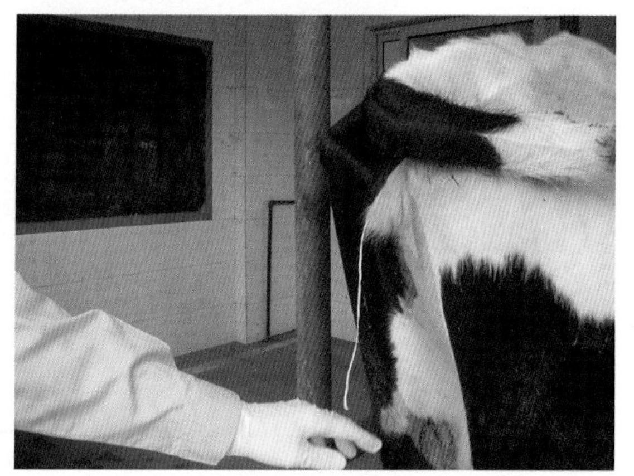

放置好的阴道栓

● **第二步　人工授精**　供体牛发情后的适当时期，使用双倍量精液进行人工授精，12小时后重复授精一次，让超数排卵的卵子都有受精的机会。

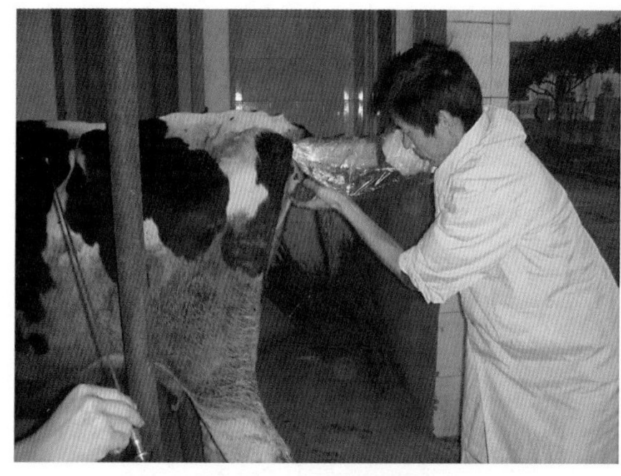

清洗、消毒阴门

人工授精

● **第三步　同期发情**　对受体母牛利用外源性激素调整其发情周期，使其在预定的时期内同时发情。

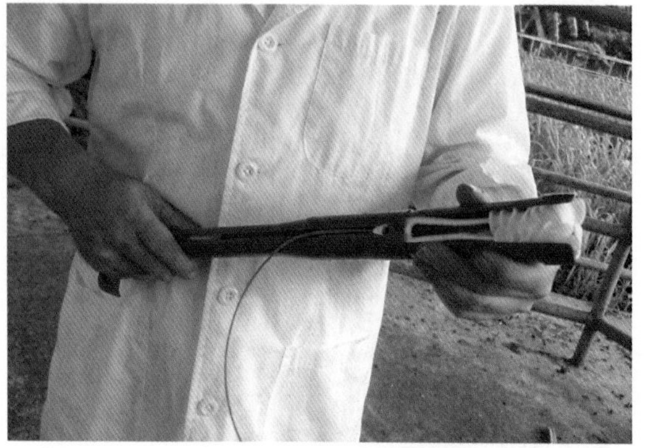

孕激素阴道栓处理

● **第四步　胚胎采集**　在超排母牛配种或输精后的适当时间，利用冲胚液从子宫内将早期胚胎冲出并回收利用的过程。

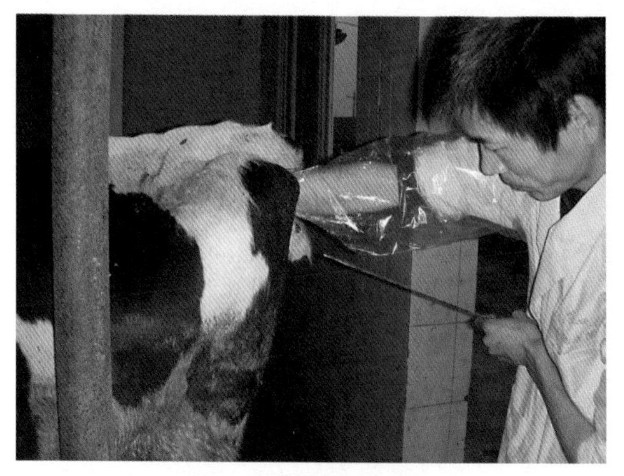

插入子宫颈扩张棒

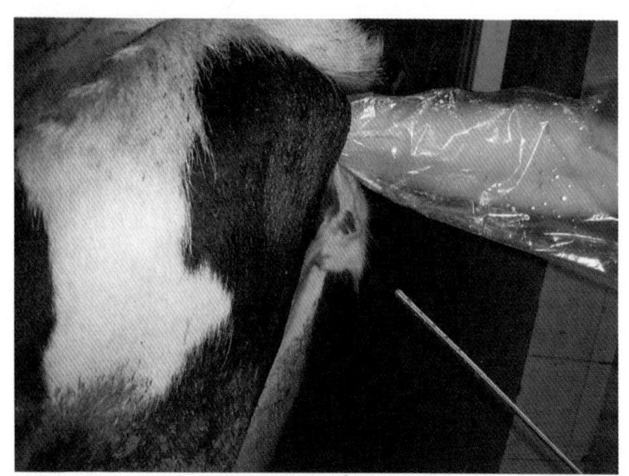

插入子宫颈黏液清除器

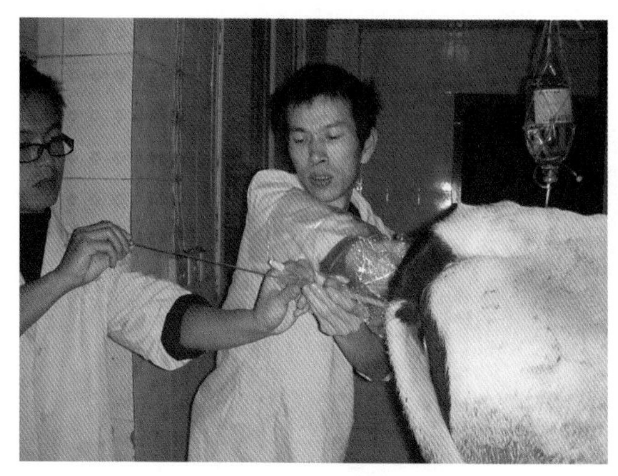

插入采胚管

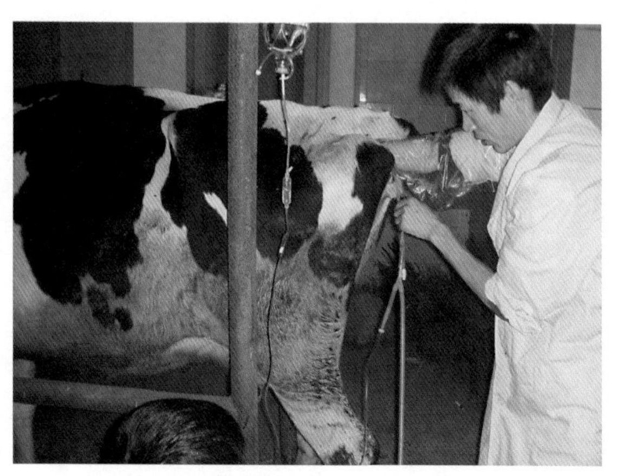

连接三通式采胚管，子宫角采胚

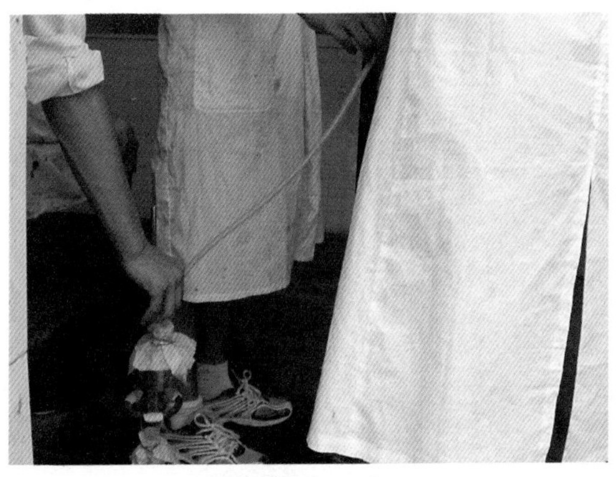
收集冲胚液

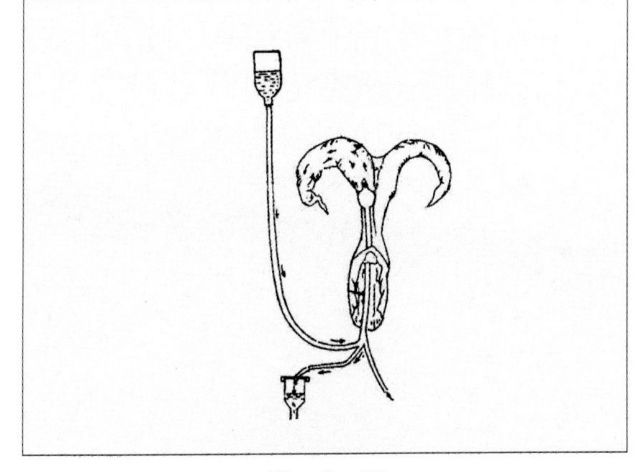
模 式 图

● **第五步 胚胎鉴定** 冲胚液回收之后，静置一定时间，检查收集到的胚胎数，在解剖显微镜下进行形态学观察，选出适合于移植的正常胚胎。

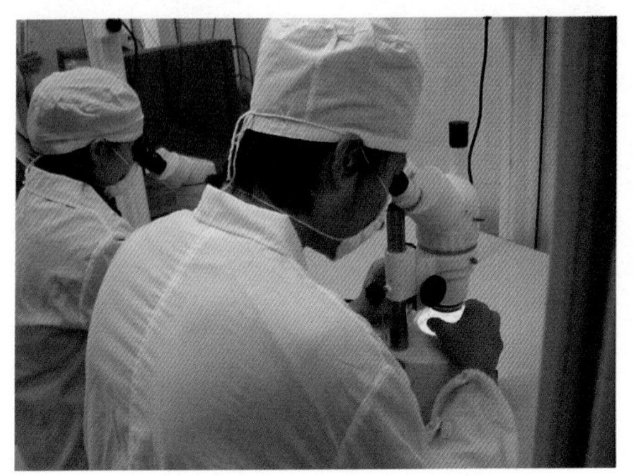
解剖显微镜下检查胚胎发育情况

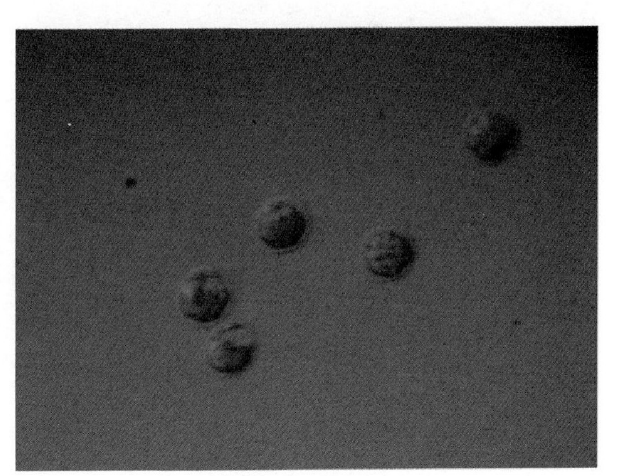
检查出的胚胎

● **第六步** 胚胎清洗及装管。

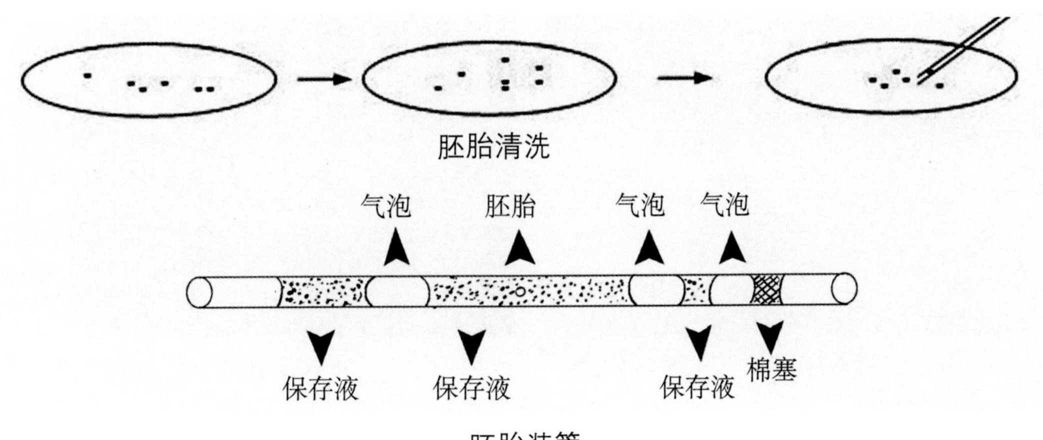

胚胎清洗

胚胎装管

● **第七步　移植胚胎**　把胚胎植入到受体母牛的子宫角适当部位，使其在受体母牛子宫内继续发育为胎儿。

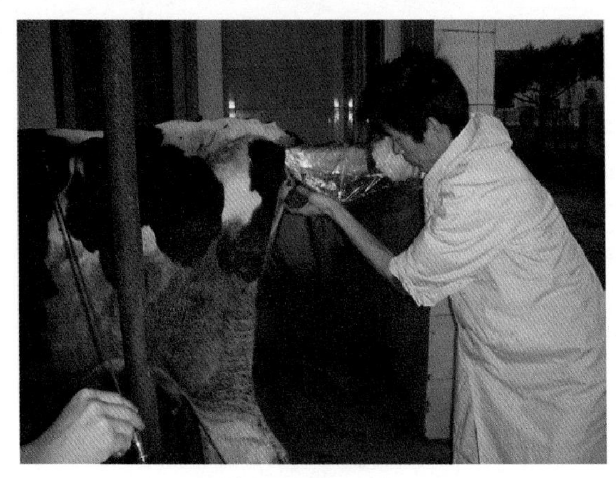

清洗消毒阴门

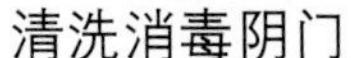

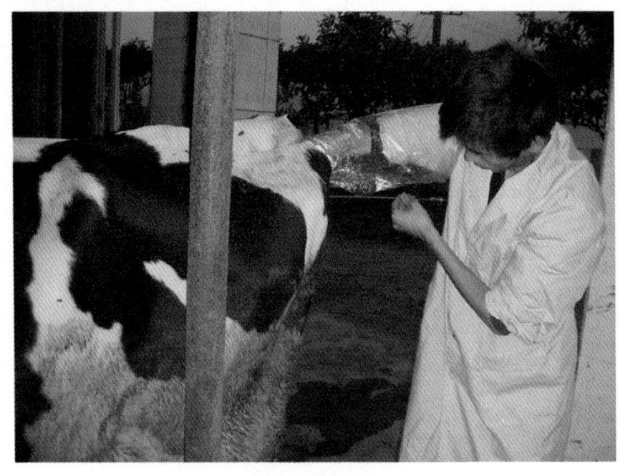

移植胚胎

第六节　妊娠诊断

临床妊娠诊断的方法主要有外部观察法、阴道检查法、孕酮水平测定法、超声波诊断法等。在生产实际中，常采用的妊娠诊断方法是直肠检查。

一、直肠诊断法

不同妊娠天数的直肠检查征状如下：

● **妊娠30天**　孕侧卵巢有质地稍硬的妊娠黄体存在；两子宫角不对称，孕角较空角稍增大，质地变软，有液体波动感，孕角最膨大处子宫壁较薄；空角较硬而有弹性，弯曲明显，角间沟清楚。

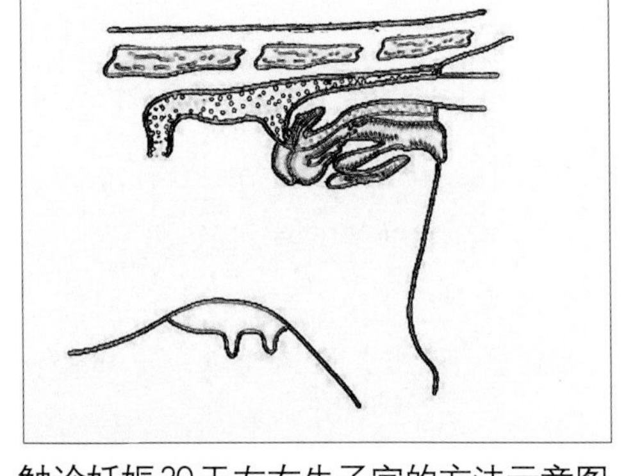

触诊妊娠30天左右牛子宫的方法示意图

● **妊娠60天**　胎水明显增多，孕角比空角粗1倍，较长，且向背侧突出，两角大小明显不同。孕角内有波动感，手指按压时，有弹性，角间沟不清楚，可以触摸到全部子宫。

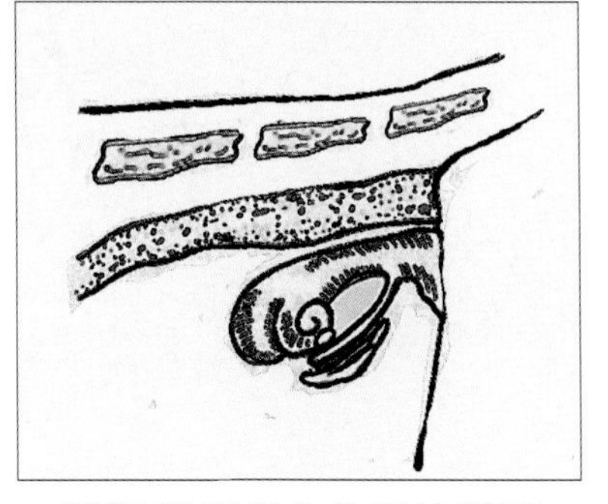

妊娠60天子宫位置的侧面

● **妊娠90天** 孕角显著粗大，如排球大小，波动明显，子宫颈向前移至耻骨前缘，初产牛子宫下沉较晚，角间沟消失，有时可以触到如鸽子蛋大小的子叶。

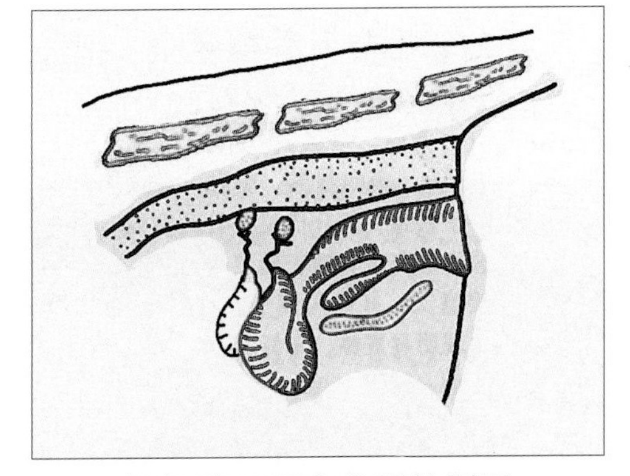

妊娠90天子宫位置的侧面

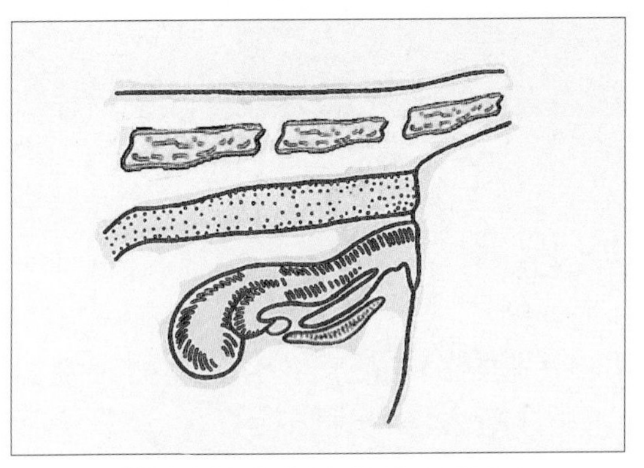

妊娠120天子宫位置的侧面

● **妊娠120天** 子宫像口袋一样垂入腹腔，子宫颈越过耻骨前缘，触摸不到整个子宫的轮廓，只能触摸到子宫内侧及该处如小鸡蛋大小的子叶，孕侧子宫中动脉的妊娠脉搏更明显。超过120天后，直肠孕检对缩短产犊间隔已没有实际意义。

二、超声波诊断法

超声波诊断法的最大优点是可在不损伤奶牛繁殖性能的情况下重复探查母牛生殖道。超声波诊断技术可分为超声示波诊断法（A超）、超声多普勒探查法（D超）和实时超声显像法（B超）。目前最常用的是B超诊断法。

奶牛配种28天后可用B超诊断仪进行妊娠诊断，用探头隔直肠壁扫描子宫，可显示子宫和胎儿机体的断层切面图，判断是否怀孕。

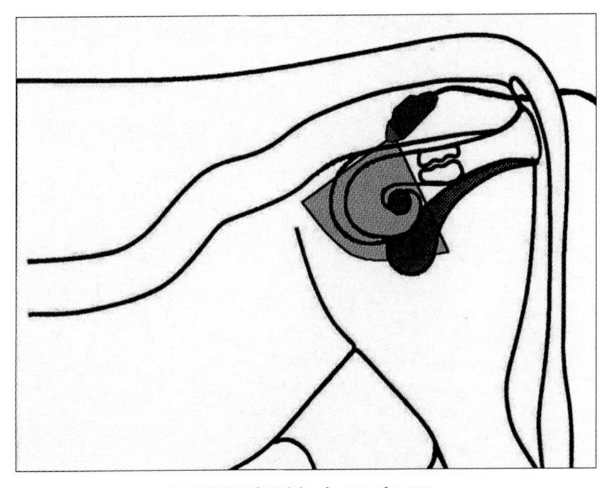

B超妊娠检查示意图

（郑新宝 供图）

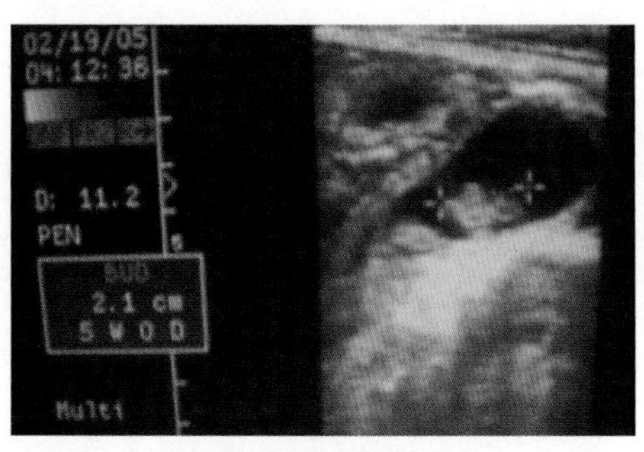

怀孕35天B超图像
（郑新宝　供图）

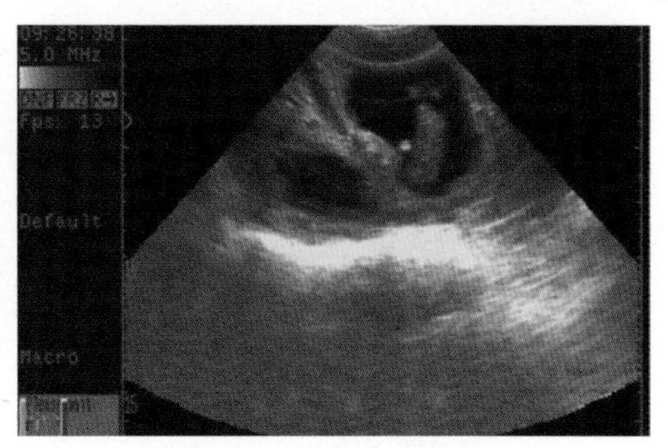

怀孕43天B超图像
（郑新宝　供图）

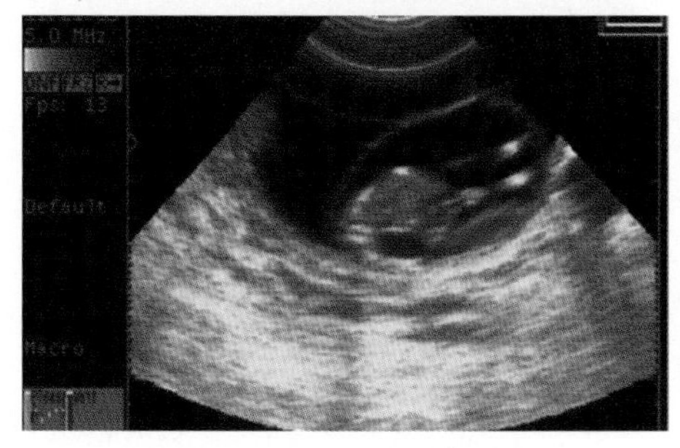

怀孕66天B超图像
（郑新宝　供图）

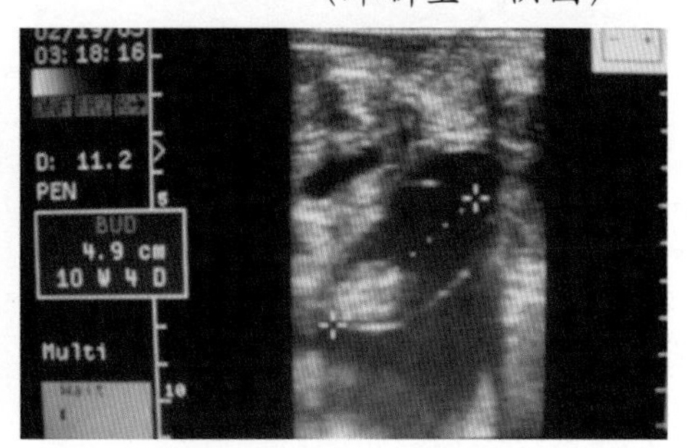

怀孕77天B超图像
（郑新宝　供图）

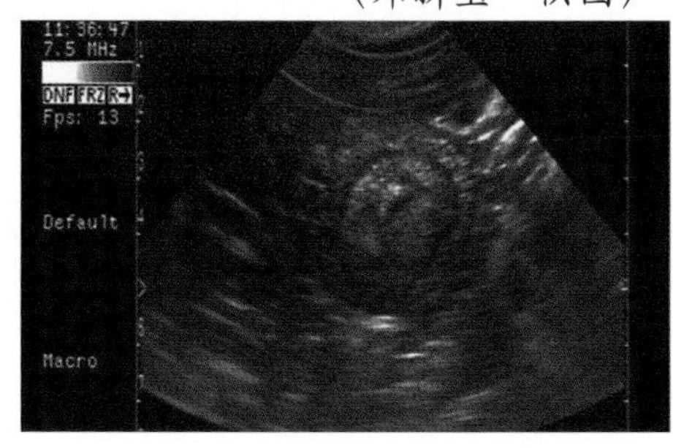

未孕子宫角B超图像
（郑新宝　供图）

第七节　分娩预兆及分娩助产

一、分娩预兆

● **乳房**　分娩前10～20天乳房开始膨大，有的出现水肿。产前2天内，乳房极度膨胀、皮肤发红，多数牛分娩前10小时左右排出初乳。

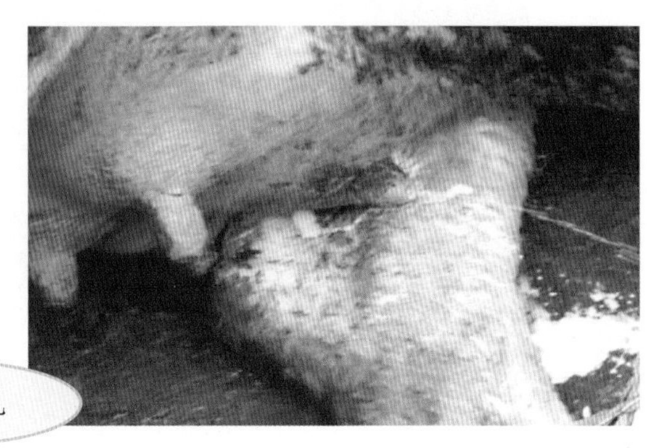

排出初乳

● **子宫颈黏液**　分娩前1～2天子宫颈黏液塞开始软化，吊在阴门之外。

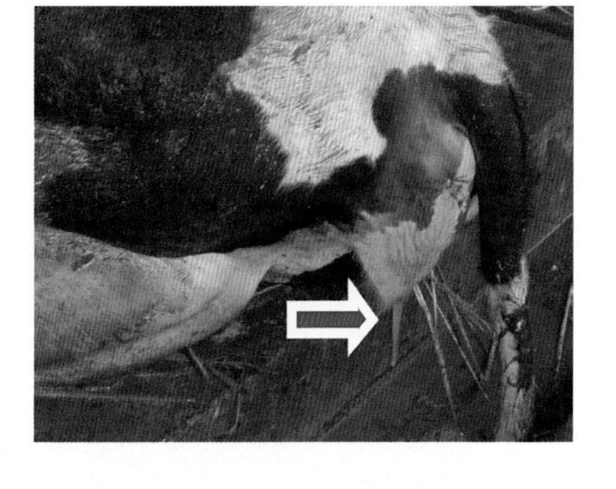

● **精神状态**　分娩前2～3天采食减少，临产前几小时起卧不安，时起时卧，频频排尿，个别牛前肢刨地。

二、助产前的准备及方法

● **人员培训**　助产人员必须经过专业培训，应了解胎儿分娩时正确的胎位、胎势、胎向、产道的解剖构造和正确使用助产器械的基本知识及助产的基本方法。

奶牛助产技术培训

● **药品及助产器具**　常用的助产器具有产科绳、产科钩和胎儿绞断器，使用之前必须用0.1%新洁尔灭液消毒，助产的原则是既要顺利救助胎儿，又不得损伤产道。

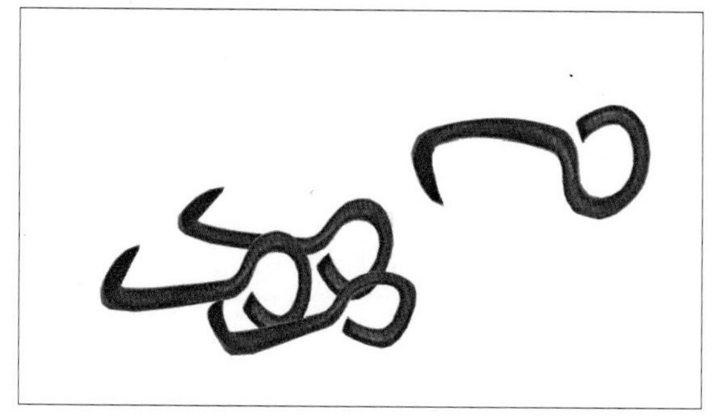

产 科 钩

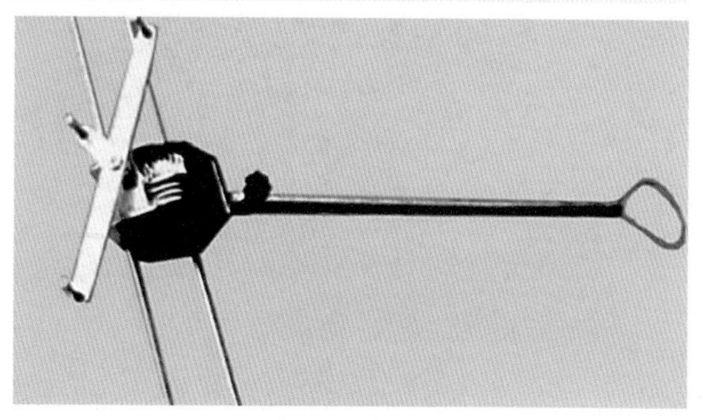

胎儿绞断器

● **产道及胎儿检查**　胎膜或胎儿前置部分进入产道时，可将手伸入产道，确定胎儿的方向、位置及姿势是否正常。如果胎儿正常，可等候自然排出。

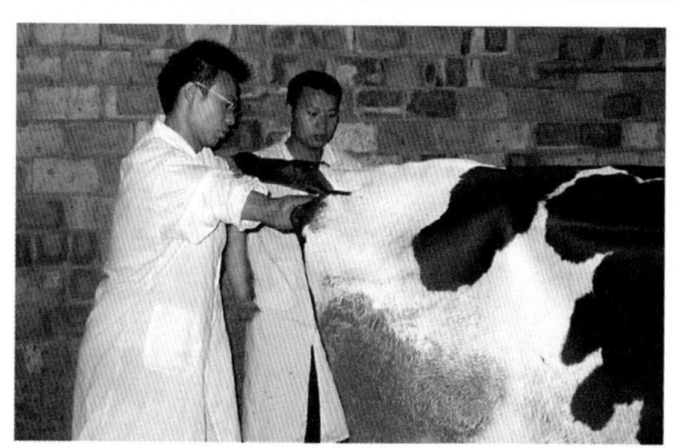

产道及胎儿检查

● **助产方法**　保定牛只，用0.1%高锰酸钾溶液清洗阴门及其周围。术者手消毒，小心深入产道，保护产道的同时拉出胎儿。

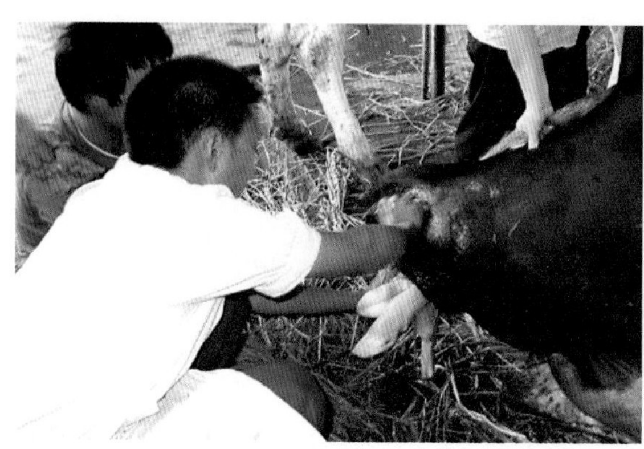

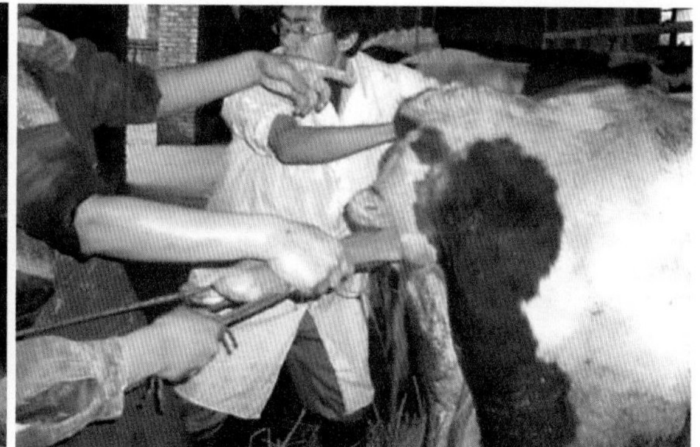

清洗阴户及助产

小心拉出胎儿

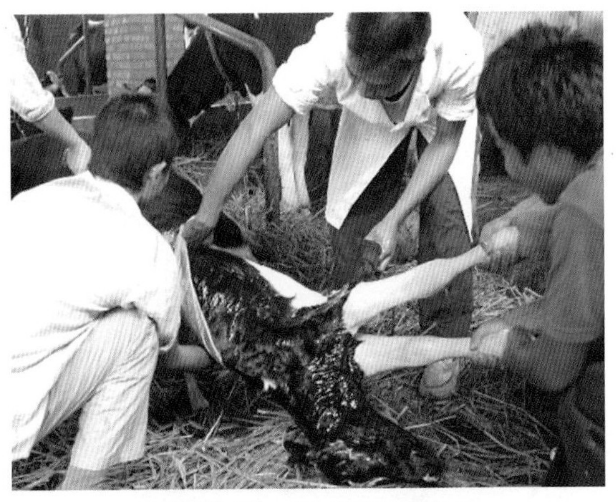

缓慢拉出，防止子宫脱出

● **新生犊牛的护理** 胎儿娩出后首先擦净鼻孔内的黏液，随即用5%碘酒消毒脐带断端，擦干全身，并移到干燥处，喂给初乳2～4千克。

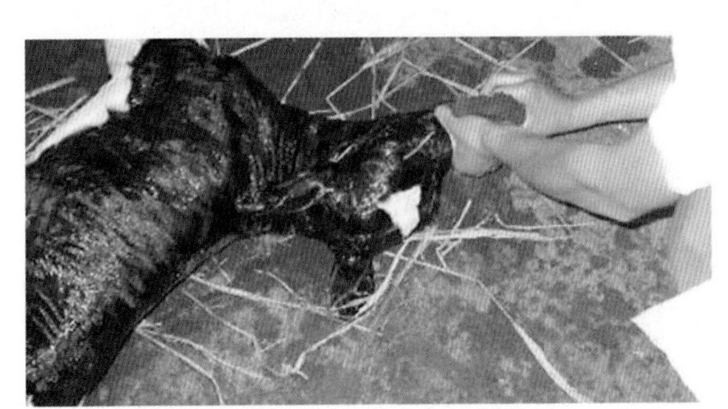

擦净犊牛鼻孔内的黏液

用碘酒消毒脐带断端

喂 初 乳

放眼全球

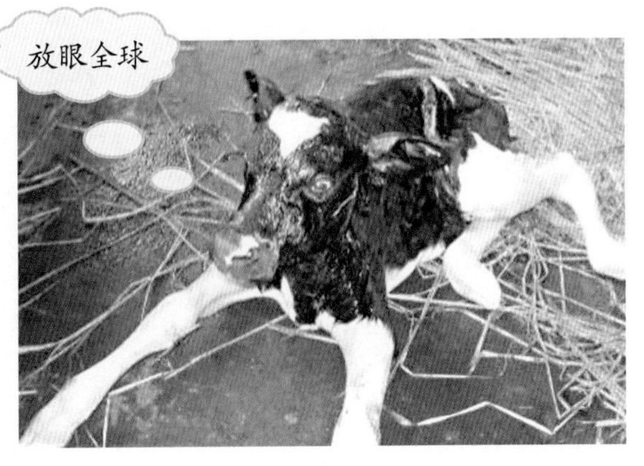

● **母牛的护理**　胎儿娩出后及时令母牛站立，避免子宫脱出，同时投服红糖、益母草等。如不能站立者，首先检查体温和心跳，必要时静脉补液，增强体质。

分娩后及时令母牛站立，降低腹腔压力，避免子宫脱出

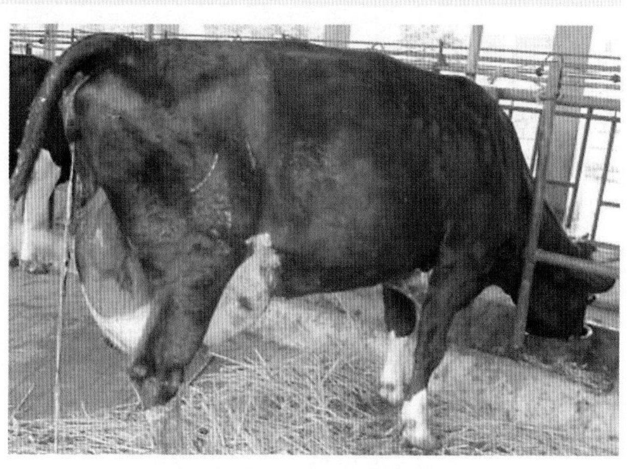

投服红糖、益母草和温水

让母牛舔食胎儿身上的羊水，促进子宫复旧

第八节　奶牛场的繁殖管理

奶牛繁殖管理水平直接影响到奶牛场的效益，繁殖管理好的奶牛场应达到以下指标：

➢ 年总受胎率=年受胎母牛头数/年受配母牛头数×100%≥85%（成+青）

➢ 年情期受胎率=年受胎母牛数/年输精总情期数×100%≥58%（成+青）

➢ 年一次配种受胎率=第一次配种受胎母牛数/第一次配种输精情期数×100%≥65%（成+青）

➢ 年空怀率=平均空怀头数/平均母牛数×100%≤5%（成+青）

➢ 产后平均始配天数：80天，平均配准天数：115天。

➢ 平均胎间距（产犊间隔）=总胎间距/n

式中n=统计头数，总胎间距为参加统计母牛胎间距之和，平均胎间距应为385～410天。

➢ 青年牛初配标准：15月龄左右，体重350～380千克。

➢ 初产月龄：22～24个月。

➢ 难孕牛=（经产牛半年以上未妊+青年牛20个月以上未妊）/全群头数≤5%

➢ 年流产率=年内流产母牛头数/（年内正常繁殖母牛头数+年内流产母牛头数）×100%≤6%

➢ 年繁殖率=全年产犊总数/可繁母牛头数×100%≥92%

3 第三章 饲料与日粮配制

第一节 饲料分类

奶牛常用饲料按国际分类法可分为青绿饲料、粗饲料、青贮饲料、能量饲料、蛋白质饲料、矿物质饲料、维生素饲料、饲料添加剂。在生产上又常分为青粗饲料和精饲料两种类型。青粗饲料包括青绿饲料、青干草、多汁饲料和青贮饲料，其特点是干物质体积大，粗纤维含量高于18%。精饲料包括能量饲料、蛋白饲料和添加剂等，其特点是干物质容积小、可消化养分高，粗纤维含量低于18%。

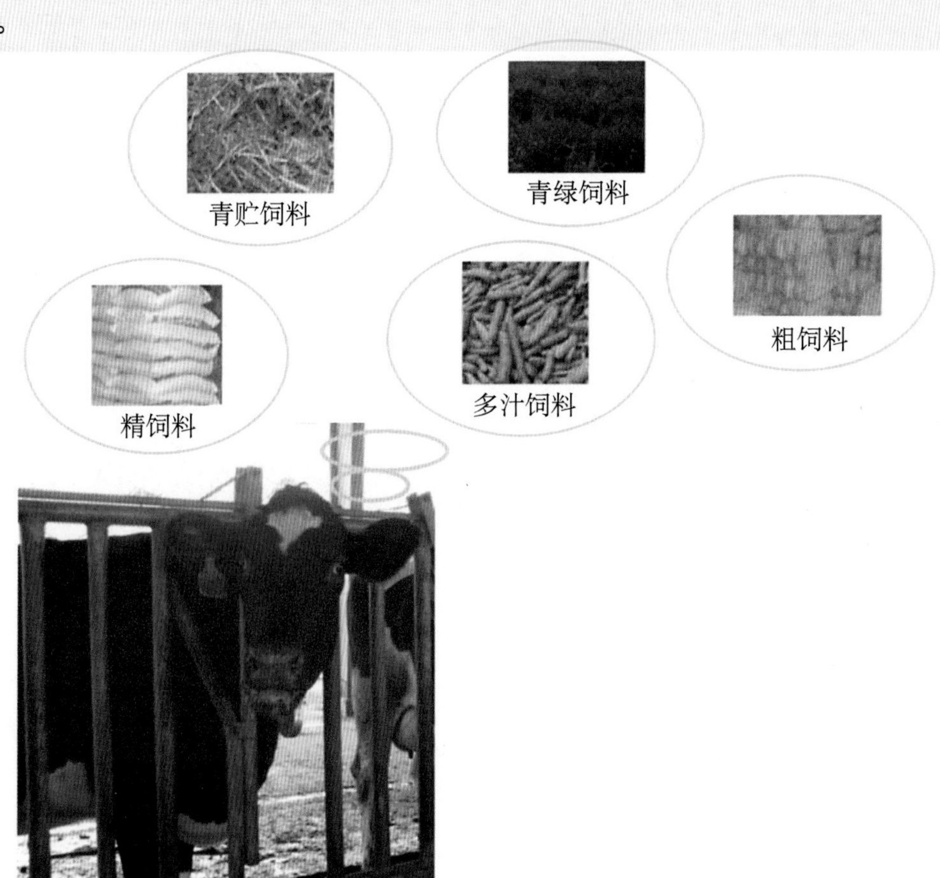

一、青绿饲料

奶牛常用的包括三叶草、黑麦草、高丹草、苜蓿和牛鞭草等。特点：含水量高，粗纤维和木质素含量低，无氮浸出物高，蛋白质含量高，矿物质元素种类多，维生素丰富，含有大量的未知促生长因子，适口性好。

三 叶 草

黑 麦 草

甘 薯 藤

紫花苜蓿

二、粗饲料

奶牛常用的包括：青干草、秸秆类（玉米秸、麦秸、稻谷草、大豆秸）、秕壳类（稻壳、花生壳等）和部分糟渣等。特点：粗纤维含量高（20%～45%），消化率较低，粗蛋白质含量差异较大，体积大。

青 干 草

稻 谷 草

花 生 壳

稻 壳

三、青贮饲料

奶牛常用的青贮饲料包括禾本科作物、豆科作物、块根、块茎以及水生饲料和树叶等的青贮。目前用得最多的是全株玉米、玉米秸秆青贮。特点：保留了原料的绝大部分营养价值，柔软多汁，适口性好，消化率高，可调剂青饲料供应的季节性不平衡。

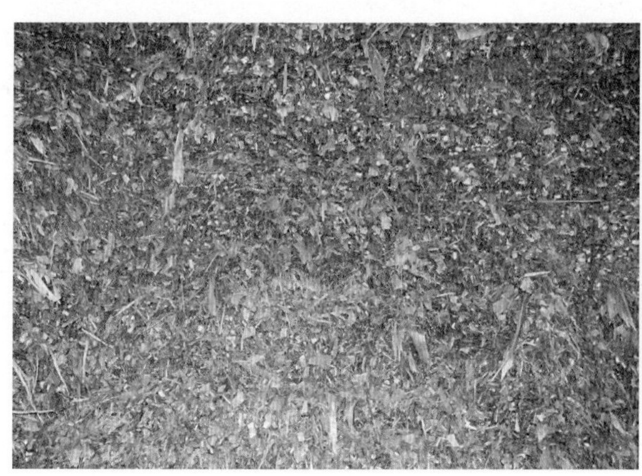

青贮饲料

四、能量饲料

奶牛常用的包括：谷物籽实类、糠麸类、部分块根块茎类及副产物、部分糟渣和油脂等。特点：干物质中含粗纤维少于18%，粗蛋白质少于20%；淀粉含量高，易消化；体积小，水分低，粗纤维含量低，适口性好。能量饲料是奶牛精料的主要组成部分。

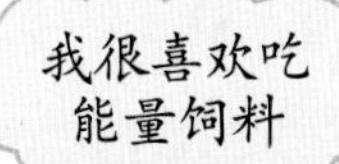

● **谷物籽实类** 包括玉米、小麦、稻谷、大麦和高粱等。其营养特点为无氮浸出物占干物质70%～80%，主要是淀粉；蛋白质含量一般为8%～12%；脂肪含量一般为2%～4%；矿物质组成不平衡，钙少、磷多。饲用能值高，适口性好，但蛋白质含量低，氨基酸组成差。

玉 米

稻 谷

小 麦

● **糠麸类** 主要包括米糠、麦麸、高粱糠、谷糠和次粉等。这类饲料与谷实类相比粗纤维含量高，淀粉少，因此能量低，蛋白质含量高，矿物质中钙少磷多，B族维生素丰富。

米 糠

麦 麸

五、蛋白质饲料

奶牛常用的包括：植物性蛋白质、微生物蛋白质和非蛋白氮饲料（尿素等）。特点：干物质中粗纤维含量低于18%，粗蛋白质含量等于或高于20%；蛋白质含量高，粗纤维含量低，普遍适口性好。奶牛日粮精料中占10%～30%。

● **植物性蛋白质饲料** 主要包括豆类、饼粕及其他加工副产品（大豆饼粕、棉籽饼粕、菜籽饼粕、花生饼粕等）。特点：蛋白质含量为20%～50%，无氮浸出物含量30%左右，粗纤维含量因不同品种变化大，矿物质中钙少、磷多，B族维生素丰富，胡萝卜素较缺乏，一般含有抗营养物质，宜多种类、低比例搭配使用。

豆 粕

菜 籽 饼

棉 籽 粕

● **微生物蛋白质饲料**　主要包括饲料酵母、单细胞藻类等。其营养成分因原料及生产工艺不同变化较大，但富含维生素和微量元素。

六、矿物质饲料

包括常量矿物元素饲料（硫酸镁、食盐、磷酸氢钙、碳酸钙等）和微量矿物元素饲料（硫酸亚铁、硫酸铜、硫酸锰、硫酸锌、亚硒酸钠、氯化钴、碘酸钾等）。特点是在饲料中的添加量较少，防止过量使用而引起中毒。

常量元素饲料

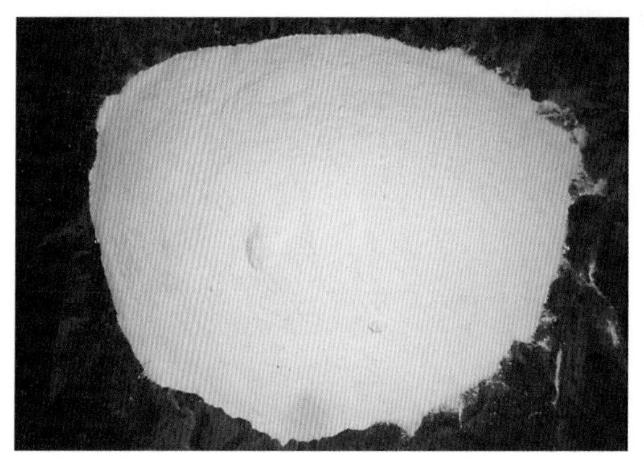

石　粉

磷酸氢钙

食　盐

微量元素饲料

硫酸亚铁

硫 酸 铜

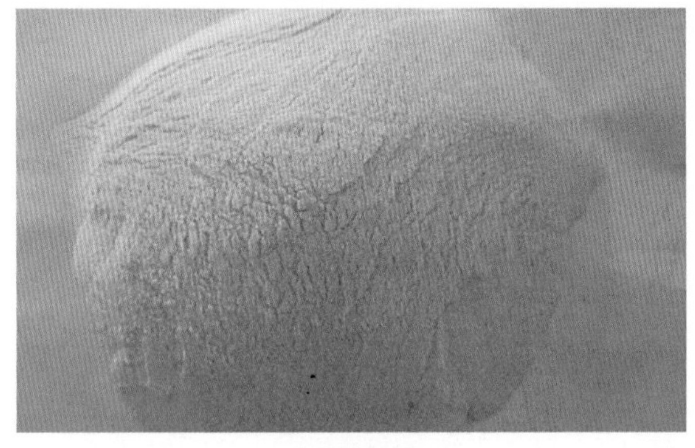

硫 酸 锌

亚硒酸钠

七、维生素饲料

包括脂溶性维生素和水溶性维生素（B族维生素和维生素C），奶牛常用的是脂溶性维生素，如维生素A、维生素D、维生素E。特点是在奶牛饲料中添加量少，对维持奶牛的正常生理机能有重要作用，缺乏时易导致缺乏症，生产性能降低，加工储藏中易损失。

维生素A

维生素B_6

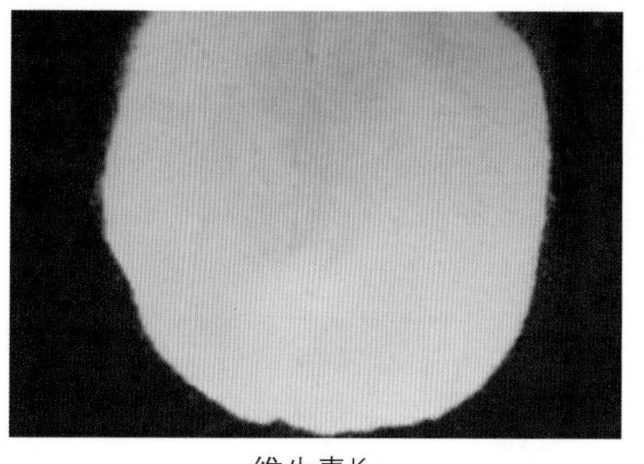
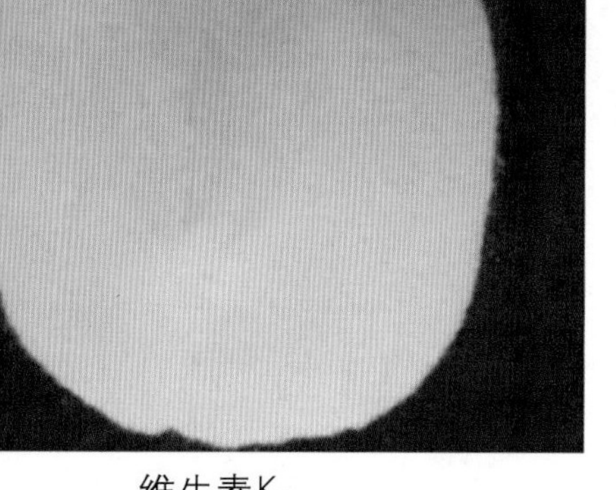

维生素K_3　　维生素E

八、饲料添加剂

指在天然饲料的加工、调制、贮存或饲喂等过程中，额外加入的各种微量物质。包括营养性添加剂（氨基酸添加剂、矿物质添加剂、维生素添加剂、非蛋白氮等）和非营养性添加剂（饲料保藏剂、驱虫保健剂、风味剂、增色剂等）。特点：添加量少，对奶牛生产有重要作用。

第二节　饲料的加工与贮藏

一、精饲料的加工与贮藏

饲料原料经过必要的加工，可以提高其饲用价值。粉碎的颗粒宜粗不宜细，如玉米的粉碎，颗粒直径以2 ~ 4毫米为宜。谷物饲料加工方法包括干处理(粉碎、破碎、碾压等)与湿处理(如蒸汽压片处理)，优质蛋白料采用包被等方法可有效降低瘤胃中蛋白降解，提高蛋白利用率。

压片玉米

膨化玉米

精饲料的贮藏：奶牛饲料的贮存应符合GB/T16764的要求，饲料堆放整齐，标识鲜明，便于先进先出；饲料库有严格的管理制度，有准确的出入库、用料和库存记录，不合格和变质饲料应做无害化处理，不存放在饲料贮存场所内；饲料贮存场地不应使用化学灭鼠药和杀虫剂。防雨、防潮、防火、防冻、防霉变及防鼠、防虫害。

堆放整洁　　标识鲜明

防火　　防鼠

二、干草的制备

制作干草的物料包括野草、栽培的饲料牧草及藤蔓等。奶牛场制备优质青干草是重要的工作。

● **第一步　割草**　可人工和机器收割。禾本科牧草抽穗期刈割，豆科牧草现蕾期至开花初期刈割，雨天不收割。

割　草

雨天不宜割草

● **第二步　晒制**　快速干燥最好。天气适宜，及时翻晒、堆积和防止雨淋。水分降到18%以下时及时打捆。

平地晾干

草架晾晒

● **第三步　储藏**　干草类贮存时，水分含量应低于15%，防止日晒、雨淋、霉变。室内堆放：堆垛时干草和棚顶应保持30厘米距离，有利于通风散热。露天堆放：选高而平的干燥处，垛底要高出地面30～50厘米，堆垛时尽量压紧，加大密度，上要封顶，以防止淋雨、漏雨，储藏时注意分区和防火。

干草室内储藏

草棚、干草

干草露天堆垛储藏

三、青贮饲料加工调制

青贮的物料包括各类青草、农作物秸秆、多汁饲料及专用青贮作物等。青贮是奶牛场保存饲料最常采用的方法，主要在青、粗料具有较高营养价值时进行。

香蕉茎叶

黑 麦 草

窖 贮 式 青 贮

窖贮式青贮是目前推荐的主要青贮方式。

● **第一步　整窖**　根据养牛数量和预计的用料量，选择适宜容积的青贮窖。事先对旧窖进行修补整理。清扫和清理杂物、剩余原料和脏土。土窖应铲除表面脏土，拍打平滑，或在窖底、四壁铺衬塑料薄膜。

整　窖

铺衬塑料薄膜

● **第二步　收割**　带穗玉米青贮在乳熟后期收割，玉米秸青贮在收穗后尽快收割，以玉米茎仅有下部1～2片叶枯黄为宜。牧草：禾本科抽穗期，豆科孕蕾期和始花期刈割。最好选择在晴天。

● **第三步　切碎**　根据物料的含水量、软硬程度和粗细等决定切割的长度，一般将玉米秸秆和甘蔗梢等粗茎植物切成2厘米左右。青贮玉米秸要求破节率在75%以上。有条件的可用带揉搓功能的揉切机。

切　碎

● **第四步 装填压实** 物料含水率以65%～70%为宜，每铺30厘米厚需压实、压平。快装满时在窖的四壁铺衬塑料布，塑料布的大小要足以将原料包裹起来，或在堆料前就直接用一张大塑料布铺衬在窖的底部和窖壁。

装填压实

● **第五步 密封** 严密封顶，防止漏气、漏水。当原料装到超过窖口60厘米时，即可加盖封顶。用塑料布将青贮料遮盖严实，不留缝隙，然后在塑料布上面压一些重物，如泥土、废旧轮胎、水袋等。

密 封

● **第六步 取用** 根据各地的气温条件和物料特性，制作青贮的时间有差异，一般在封闭40天左右即可利用。取用时严禁掏洞取料，取后及时遮盖严实。注意：霉烂变质的青贮饲料不能饲喂奶牛，冰冻的青贮饲料应融化后再饲喂奶牛。

取 用

地面堆垛青贮

堆贮应选择地势较高而平坦的地面，地面呈鱼背形，有1%左右的高差。塑料薄膜应选0.2毫米厚的聚乙烯薄膜。

● 第一步收割、第二步切碎以及取用方法同窖贮式青贮。

原料粉碎

● **第三步　堆垛**　在地面铺上塑料布，塑料布大小足够包裹堆起的物料。将铡好的原料堆在塑料布上。每堆30厘米厚，需压实、压平。

压　实

● **第四步　密封**　用塑料布将物料裹严实，不留缝隙，然后在塑料布上面压一些重物。

密　封

捆裹式青贮

● **第一步 收割** 同窖贮式青贮。

● **第二步 晾晒** 高水分物料收割后应风干2～3小时，如果是在下午较晚的时候刈割，可使牧草过夜风干，使含水量降为60%～75%。

晾晒多余水分

● **第三步 压捆** 用打捆机将收割的物料压成草捆，注意压实、压紧。用统一规格的打捆机，保证每捆的大小一致，便于装袋和堆码。

压 捆

● **第四步 捆裹** 用裹包机将草捆用高拉力塑料薄膜缠裹，不留空隙。

捆　裹

● **第五步　堆放**　注意堆放整齐，防止老鼠等将塑料薄膜损坏。

堆　放

塑料袋青贮

塑料袋青贮适于在原料每次收割量不大，但能陆续供应的情况下使用。

● **第一步　塑料袋选用**　选用宽80 ~ 100厘米、厚0.8 ~ 1毫米的聚乙烯无毒塑料薄膜，用热压法做成长2米左右的袋子，每袋一般可装填原料25 ~ 100千克为宜。

塑料袋青贮

● **第二步 切碎** 同窖贮式青贮。

● **第三步 装袋** 将切碎的原料装入塑料袋，边装边压实。

● **第四步 封口** 用塑料绳把袋口扎紧或密封机封口。

压 实

封 口

青贮饲料质量评定

● **感官评定** 青贮饲料的质量评定，目前比较常用的是感官评定，主要是通过观察其颜色、气味、结构质地等。

● **化学评定** 化学评定的主要指标包括pH、氨态氮和有机酸含量。

质量等级	颜 色	气 味	结 构
优	黄绿或青绿色	芳香酒酸味	湿润、茎叶清晰、松散、柔软、不发黏、易分离
中	黄褐或暗绿色	香味淡、有刺鼻酸味	茎叶部分保持原状，柔软，水分稍多
劣	褐色或黑褐色	霉烂味或腐败味	腐烂、发黏、结块或呈污泥状

不同青贮饲料中各种酸含量

质量等级	pH	乳酸（%）	醋酸（%）		丁酸（%）	
			游离	结合	游离	结合
优	4.0 ~ 4.2	1.2 ~ 1.5	0.7 ~ 0.8	0.1 ~ 0.15	—	—
中	4.6 ~ 4.8	0.5 ~ 0.6	0.4 ~ 0.5	0.2 ~ 0.3	—	0.1 ~ 0.2
劣	5.5 ~ 6.0	0.1 ~ 0.2	0.1 ~ 0.15	0.05 ~ 0.1	0.2 ~ 0.3	0.8 ~ 1.0

青贮的鉴别

四、微贮

不适合青贮的低水分物料如麦秸、稻草、藤蔓、干玉米秸、高粱秸等可进行微贮。其特点是需要添加乳酸菌等微贮专用菌。为了保证微贮效果，可添加玉米面等可溶性糖含量高的物质。

● **第一步 收割** 收割下来的秸秆，尽量减少曝晒和避免堆积发热，保证新鲜。避免在雨天收割。

黄玉米秸

切断的稻草秸

● **第二步 原料切碎** 玉米秸秆或其他秸秆在微贮前必须切碎，长度以1 ~ 2厘米为宜。有条件的可用揉切机进行揉搓切碎。

● **第三步 装填** 装填最好在短时间内完成并密封。每填30厘米厚时在贮料表面均匀撒一些玉米面，每吨贮料中撒5 ~ 10千克，然后均匀喷洒乳酸菌培养物，用量参照使用说明书。

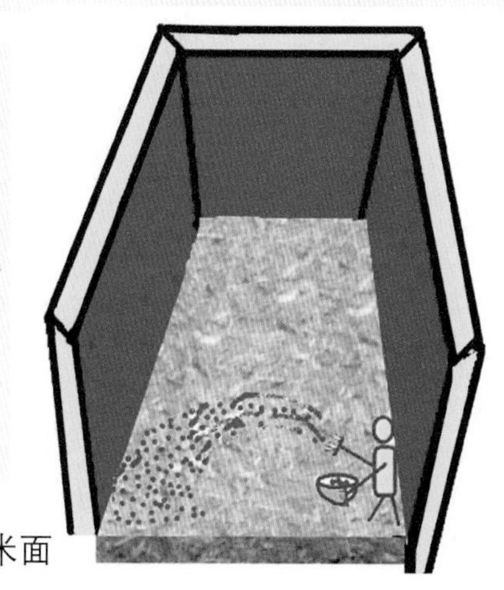

添撒玉米面

● **第四步　补加水分**　根据物料自身含水量决定水分的补加量，使贮料总水分含量达到60%～75%。加水原则为先少后多、边装填、边压实、边加水。

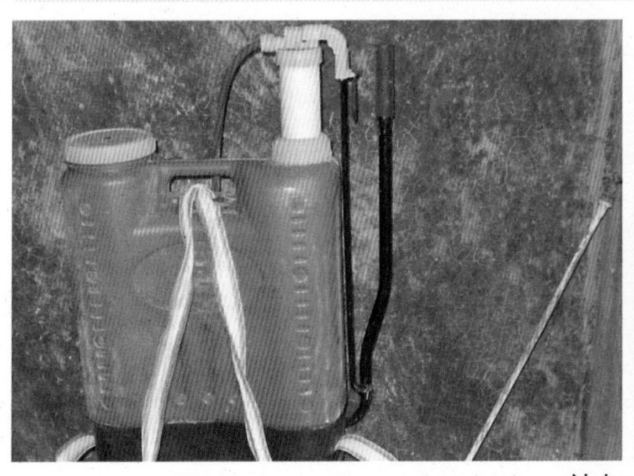

补加水分

● **第五步　压实**　贮料在贮窖内每堆30厘米厚度时压实一次，压得越实越好。小型贮窖可人踩踏，大型贮窖用拖拉机压实。当贮料装填距窖口40～50厘米时，紧贴窖四壁围上一圈塑料薄膜，待密封时使用。贮料的上端一定要高出窖四周50厘米。

压　实

● **第六步　密封**　装满压实后，马上密封。将围在窖四周余下的塑料薄膜铺盖在贮料上，上面再盖一层塑料薄膜，上面覆盖重物，如泥土、水袋、废弃轮胎等。

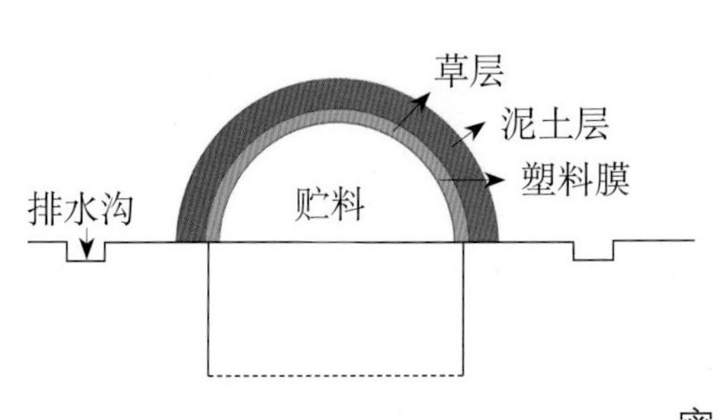

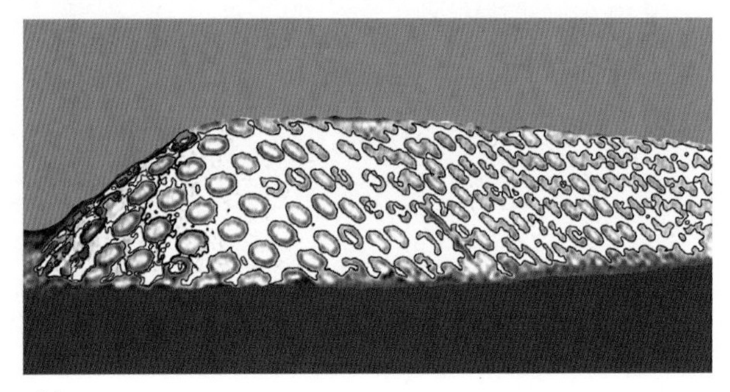

密　封

五、全混合日粮（TMR）加工

TMR是根据奶牛不同生理阶段和生产性能的营养需要，将奶牛全部应采食的粗料、精料、矿物质、维生素等充分混合，配制成的精、粗比例稳定和营养平衡的全价饲料，其优点是可以提高劳动生产效率。制作步骤如下：

- **第一步 原料预处理** 将牧草、秸秆等粗饲料揉切铡短。
- **第二步 原料添加** 卧式TMR搅拌车的原料添加顺序为：精补料、干草、青贮料、糟渣类；立式TMR搅拌车的原料添加顺序为：干草、青贮料、糟渣类、精补料。
- **第三步 混合搅拌** 混合搅拌时间根据饲料颗粒长度和搅拌车性能而定，一般在最后一种原料添加后3～8分钟结束。
- **第四步 饲喂** 可用移动式搅拌车或农用机械将TMR运送至奶牛舍直接饲喂。

TMR机混合搅拌

TMR机

TMR饲喂

六、饲料储备量

每头奶牛每年储备饲草料估算量（千克） 如下表：

	精饲料	干草	青贮玉米	糟渣类	块根块茎
成年奶牛	2 500	1 500	3 000	2 500	1 000
育成及青年牛	1 000	1 300	2 500	—	—
犊牛	250	500	—	—	—

第三节　日粮的配制

一、配制原则

根据奶牛营养需要和饲养标准、饲料营养成分表，结合奶牛群实际，科学设计日粮配方。精、粗料比例合理，营养平衡，保持适当容积和能量浓度。日粮组成原料要多品种、低比例，保证日粮纤维水平和来源，成本经济合理，日粮适口性好，保障干物质的绝对摄入量，确保奶牛健康和乳成分的正常稳定。

日粮配合比例一般为粗饲料占45%～60%，精饲料占35%～50%，矿物质类饲料占3%～4%，维生素及微量元素预混料占1%，钙、磷比为1.5～2.0：1。干奶期粗料的比例可高到90%。日粮的酸性洗涤纤维（ADF）在19%～24%，或中性洗涤纤维（NDF）29%～35%。全混合日粮（TMR）水分应控制在40%～50%。

原料多样，营养互补

二、饲料安全与原料选购

● **饲料安全原则** 奶牛饲料药物使用符合农业部颁布的《饲料药物添加剂使用规范》（中华人民共和国农业部公告第168号）和《饲料和饲料添加剂管理条例》。饲料中禁止添加国家明令禁止使用的物质如三聚氰胺、有毒有害物质、动物源性产品等。规范使用饲料原料，定期对原料中有害物质如霉菌毒素进行检测。

允许按量添加氨基酸、维生素、微量元素、酶制剂、生物活性制剂等添加剂。

饲料生产全程应记录详细、齐全并留样，妥善保存。

● **原料选购**

➢ **原料来源** 保证饲料来源于正规饲料厂家或原料供应商，符合国家相应的法规要求，不得购进三聚氰胺、碘化酪蛋白等违规、违禁产品。

产地生态良好，远离污染

设备先进，加工规范，管理合格

➢ **饲料质量** 注重饲料的营养成分和饲养效果，原料的选购等级可参照国家饲料原料分级标准。

提供合格检测报告

➢ 选购成本　选购单一饲料可以采用营养成本评定法。即根据原料售价和营养成分含量，计算单位养分含量的成本来进行选择。精补料、浓缩料、预混料等商品饲料要注意保质期，性价比高。

➢ 卫生标准　不能采购霉变、氧化酸败、农药及重金属污染等不合格的饲料。

查看是否合格

➢ 运输周转　采购原料应注意运输距离、仓储容量和资金周转。

三、奶牛日粮参考配方

犊牛饲料配方

● **精料配方组成**　玉米50%、麸皮18%、豆粕15%、菜籽粕5%、胡麻饼7.5%、添加剂1%、碳酸钙1.2%、磷酸氢钙0.8%、食盐1%、小苏打0.5%。

● **日粮组成**　饲喂量每天每头1～2千克，青干草任食，4月龄后可供青贮饲料。

育成牛饲料配方

● **精料配方组成**　玉米40%、麸皮30%、豆粕10%、菜籽粕8%、胡麻饼7%、添加剂1.5%、碳酸钙1.0%、磷酸氢钙0.5%、食盐1%、小苏打1%。

● **日粮组成**　精料3千克，青草5 ~ 10千克，糟渣10千克，青贮料10千克。

产奶牛泌乳高峰期饲料配方

● **精料配方**　玉米54%、麦麸12%、豆粕10%、棉籽粕8%、菜籽粕5%、酵母粉5%、磷酸氢钙1.2%、碳酸钙1.3%、食盐1.0%、小苏打1.5%、预混料1%。

● **日粮组成**　糟渣8 ~ 12千克，全株玉米青贮10 ~ 15千克，苜蓿、羊草5 ~ 8千克，精料饲喂量与产奶量比例约为1 ∶ 2.5。

产奶牛泌乳中期饲料配方

● **精料配方** 玉米50%、麸皮18%、豆粕8%、棉籽粕8%、菜籽粕5%、酵母粉5%、磷酸氢钙1%、碳酸钙1.5%、食盐1%、小苏打1.5%、预混料1%。

● **日粮组成** 啤酒糟10～12千克，青贮玉米秸15～20千克，干草5千克，精料饲喂量与产奶量比例约为1∶2.8。

产奶牛泌乳后期饲料配方

● **精料配方** 玉米45%、麸皮26%、豆粕5%、棉籽粕5%、菜籽粕5%、葵子粕5%、DDGS 5%、磷酸氢钙0.8%、碳酸钙1.2%、食盐1%、预混料1%。

● **日粮组成** 啤酒糟10～12千克，青贮玉米秸20千克，干草6千克，精料饲喂量与产奶量比例约为1∶3。

4 第四章 饲养管理技术规范

第一节 后备牛的饲养管理

一、新生犊牛的饲养管理

▲ **重点** 稳步度过新生期。犊牛产出后立即用干净抹布将口、鼻周围黏液擦净，然后再擦干其他部位，或让母牛舔干犊牛。给犊牛称重，打耳标，填写相关记录。

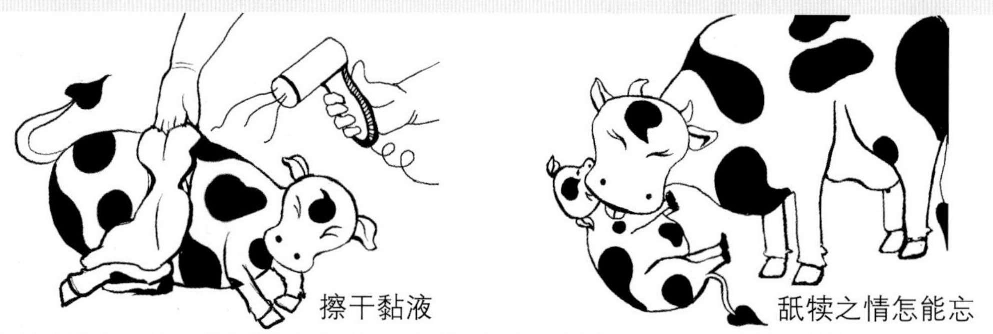

擦干黏液　　舐犊之情怎能忘

● **假死救助** 如遇假死，应及时进行人工呼吸。方法：将犊牛仰卧，握住前肢，牵动身躯，反复前后屈伸，用手拍打胸部两侧，促使犊牛迅速恢复呼吸；也可使用人工呼吸器救助。也有采用在犊牛头部和胸部泼一桶冷水的方法，刺激其呼吸。

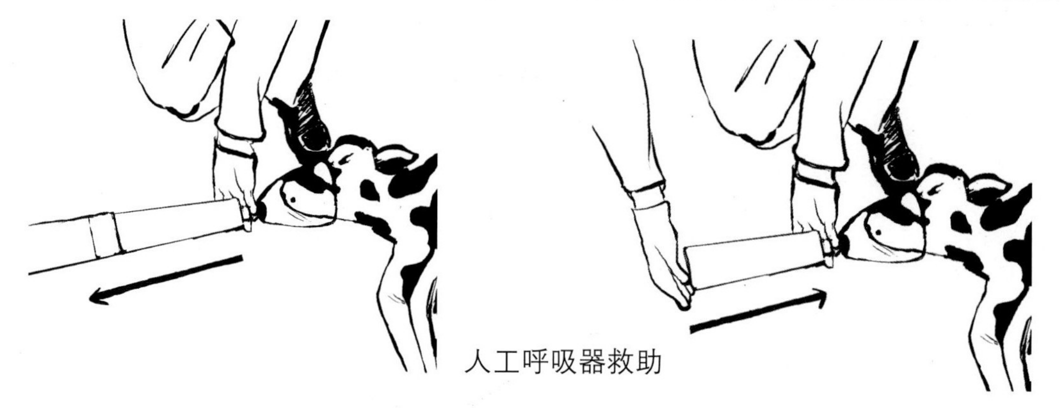

人工呼吸器救助

● **吃初乳**　新生犊牛一旦开始正常呼吸就应当喂给第一次初乳，出生1小时之内应吃到2 ～ 3升初乳，在出生后6 ～ 12小时还应分别饲喂2升初乳。

初乳的饲喂方式有奶瓶饲喂法和食道导管强饲法。食道导管强饲法特定用于不能自主吸吮初乳的体弱犊牛。

奶瓶饲喂　　　　导管强饲

二、哺乳期犊牛的饲养管理（0～60日龄）

▲ **重点**　预防腹泻，促进瘤胃尽早发育，保证健康。全期哺乳量300 ～ 400千克，哺乳期2个月。每天喂奶2次或3次，每次喂量相等，占体重的4% ～ 5%。注意定时、定量、定温、定人、定质，勤打扫、勤换垫草、勤观察、勤消毒。每次喂完奶后擦干嘴部。奶温应在37℃左右。注意环境干燥和保温。

● **饲喂方法**　有奶桶饲喂和奶瓶饲喂。奶桶饲喂：办法是用手指蘸一些牛奶然后慢慢引导小牛头朝下从奶桶中饮奶。

奶桶饲喂

使用奶瓶饲喂的方法比让小牛直接从奶桶中吃要好。可减少腹泻和其他消化紊乱的发生率。

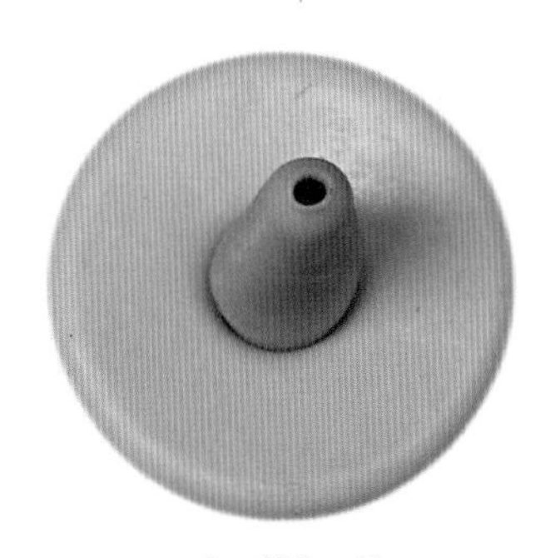

奶嘴饲喂

● **训食草料** 犊牛出生7天后开始训练其吃犊牛开食料，出生10天后可以训练其吃干草。

训练采食开食料

训练采食干草

● **饮水** 保证犊牛有充足、新鲜、清洁卫生的饮水，冬季饮温水。每头每天饮水量平均为5～8千克。

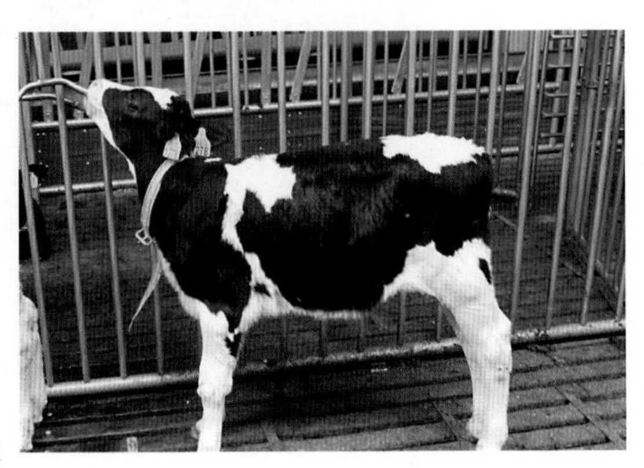

保证充足饮水

● **去角、去副乳头** 犊牛出生后20～30天去角，可采用苛性钠去角法和电烙铁去角法。在2～6周去副乳头，最好避开夏季。先清洗消毒副乳头周围，再轻拉副乳头，沿着基部剪除副乳头，用5%碘酒消毒。

电烙铁去角

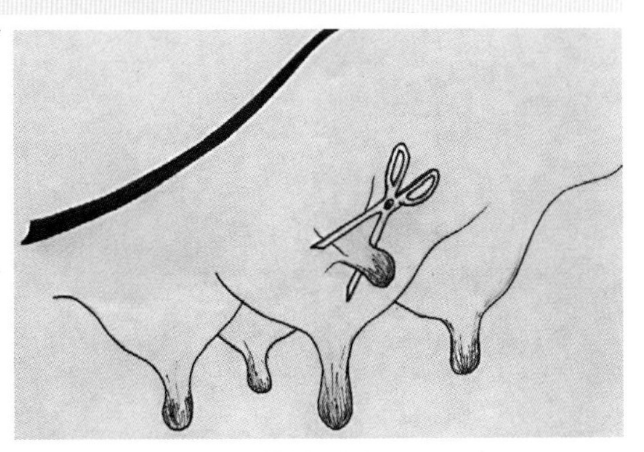

剪副乳头

● **圈舍卫生**　哺乳期犊牛应做到一牛一栏单独饲养，犊牛转出后应及时更换犊牛栏褥草、彻底消毒。犊牛舍每周消毒一次，运动场每15天消毒一次。每月测定一次身高和体重。

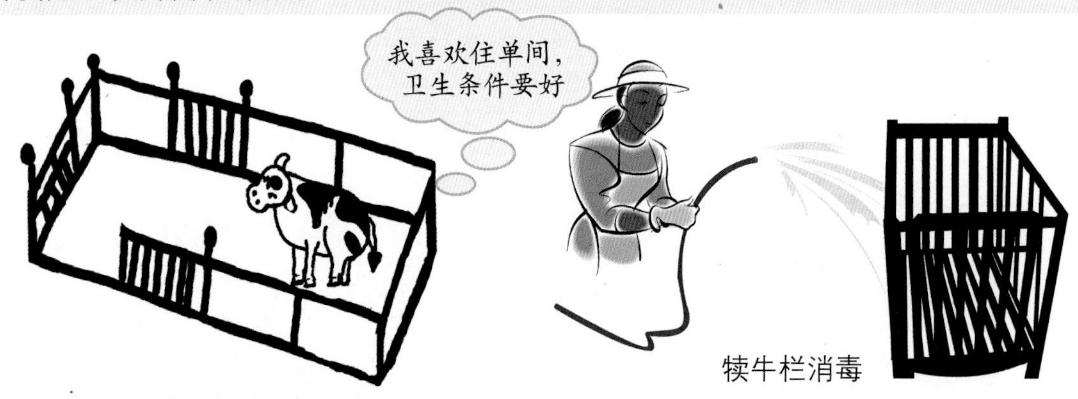

犊牛栏消毒

犊　牛　栏

● **断奶**　当犊牛连续3天每天都能采食至少1千克开食料时就可以准备断奶了，一般在出生后60天左右断奶。不要在断奶的同时转群，应在断奶1～2周后再考虑转群。

三、断奶至6月龄犊牛的饲养管理

▲ **重点**　稳步渡过断奶关。断奶后犊牛按月龄、体重分群散放饲养，自由采食。保证充足、新鲜、清洁卫生的饮水，冬季饮温水；保持犊牛圈舍清洁卫生、干燥，定期消毒，预防疾病发生。

分群饲养

● **饲养**　以优质干草和精饲料配合饲喂，4月龄以前不要喂青贮饲料，4月龄后逐步补饲青贮饲料；每天饲喂混合精料1 ~ 1.5千克，优质干草自由采食。

四、7～15月龄育成牛的饲养管理

▲ **重点**　按时达到配种标准，预防过肥。饲料主要以优质粗饲料如牧草、干草、青贮等为主，根据粗料质量的优劣调整精料的喂量，一般每天每头优质粗料加0.5 ～ 1.5千克精料。日粮蛋白质水平达到13%～ 14%。

● **监测体尺、体重**　应定期监测体尺、体重指标，及时调整日粮结构，以确保18月龄前达到配种体重，保持适宜体况。平均日增重控制在700 ～ 800克，最多日增重800克。15月龄左右体重达到350 ～ 380千克时进行配种。

● **发情观察与配种**　注意观察发情，做好发情记录，以便适时配种。体重和体高是决定奶牛配种时间的关键。配种指标：年龄15 ～ 18月，体重350 ～ 380千克，体高127厘米以上，体况评分3.0 ～ 3.5。

五、配种至产犊青年牛的饲养管理

▲ **重点** 育成牛配种后仍按配种前日粮进行饲养；当育成牛怀孕至分娩前3个月，需要额外增加0.5 ～ 1.0千克的精料；产前20 ～ 30天可按干奶牛的日粮进行饲养，精料每日喂给2.5 ～ 3.0千克。

六、后备母牛各阶段的理想体高和体况

后备牛的饲养目标就是使其在各生理阶段达到理想的体高与体况，具体见下表：

月 龄	3	6	9	12	15	18	21	24
体高（厘米）	92	104~105	112~113	118~120	124~126	129~132	134~137	138~141
体况评分	2.2	2.3	2.4	2.8	2.9	3.2	3.4	3.5

第二节　成年母牛饲养管理

一、一般饲养管理规程

▲ **重点**　饲喂管理制度要稳定，以形成固定的条件反射。

● **饲养**　日粮要稳定，换料要有7 ～ 10天过渡期。饲喂要有序，一般先粗后精，先干后湿，先喂后饮，有条件的可采用全混合日粮（TMR）饲喂。保证清洁、充足饮水，水温最好不低于10℃。饲料中严防有铁钉、铁丝、玻璃、塑料袋、沙石等异物混入。

TMR饲喂

保证饮水

饲料中有异物很危险

● **运动**　保证牛适当运动，除烈日、狂风、暴雨、严寒等极端天气情况外，每天应有3 ～ 4小时户外自由运动时间。

保证适当运动

● **牛体刷拭和蹄部保健**　每天刷拭牛体，保持牛体清洁卫生。定期修蹄和浴蹄。

● **观察记录**　注意牛群动态观察，生产主管每天应巡视牛群2次，做好生产、育种记录。

做好观察记录

档 案 柜

二、各阶段母牛的饲养管理

干奶前期（停奶至产前22天）

▲ **重点**　预防与治疗乳房炎，控制好膘情。

● **停奶**　停奶前10天，应进行妊娠检查和隐性乳房炎检测，确定怀孕和乳房正常后方可进行停奶。停奶采用快速停奶法，最后一次将奶挤净，用消毒液将乳头消毒后，注入专用干奶药，转入干奶牛群，并注意观察乳房变化。

乳房炎检查

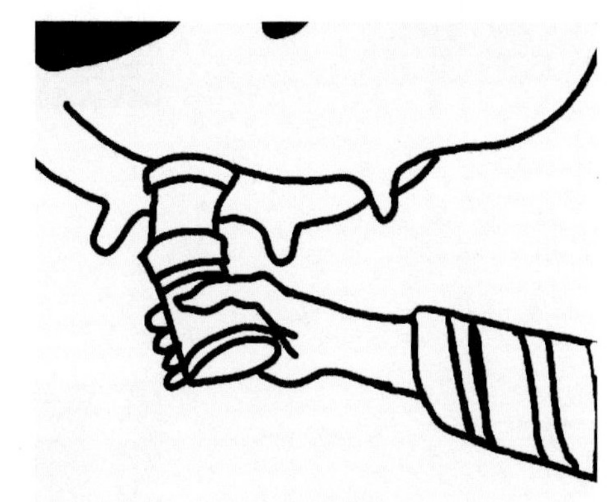

妊娠检查

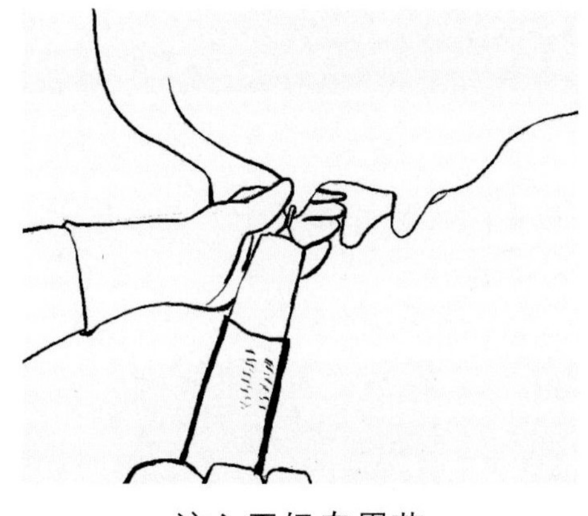

注入干奶专用药

乳头消毒

● **饲养**　配合停奶应调整日粮，可根据不同体况，增减精料饲喂量。停奶头几天不喂青绿饲料，干物质采食量占体重的1.8%～2.0%。降低日粮钙、磷水平，粗料以禾本科干草为主。干奶前期日粮干物质采食量占体重的2%～2.5%，粗蛋白质水平达到12%～13%，精、粗比以30 ： 70为宜。混合精料每头每天2.5～3千克。

干奶后期（产前21天至分娩）

▲ **重点**　预防产后瘫痪和胎衣不下。

● **饲养**　日粮以优质禾本科干草为主，减少大容积的多汁饲料，不饲喂苜蓿，不补喂食盐和小苏打。日粮干物质采食量应占体重的2.5%～3%，粗蛋白水平达到13%，逐步提高精料用量，每头每天3～5千克。可适当降低日粮中钙的水平，注意脂溶性维生素和硒的补饲。

● **管理**　做好产前的一切准备工作。产房产床保持清洁、干燥，每天消毒，随时注意观察牛只状况。产前7天开始药浴乳头，每天2次，不能试挤。

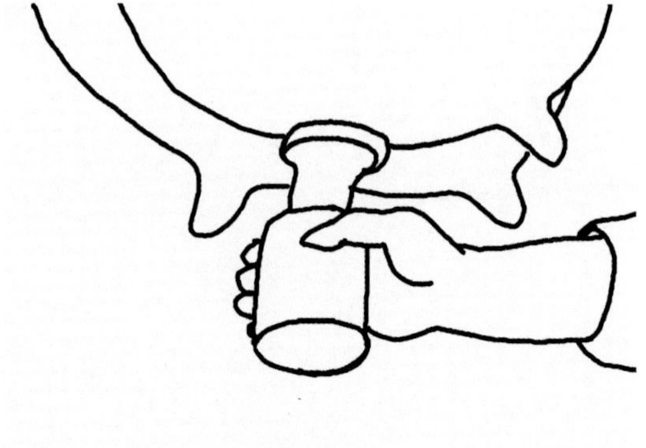

药浴乳头

泌乳早期（分娩至产后21天）

▲ **重点** 促进母牛体质的恢复，减少体内消耗。

● **饲养** 从产后7天开始，以奶牛最大采食为限，每头每天增加0.5千克精饲料直到泌乳高峰期，但精料比例不应超过60％。自由采食苜蓿等优质干草。提高日粮钙、磷水平，每千克日粮干物质含钙0.6％、磷0.3％。努力做到尽快达到采食高峰。

● **管理** 产床和运动场每天严格消毒，手工挤奶，挤奶技术要熟练，并注意牛体、个人卫生，饮水要清洁，最好饮温水。应让牛只尽早排尽恶露，尽快恢复繁殖机能。产后22天奶牛出产房。

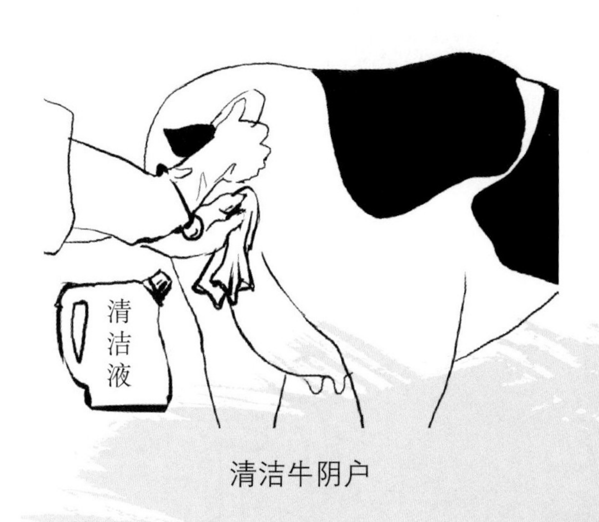

清洁牛阴户

产床消毒

泌乳盛期（产后22～100天）

▲ **重点**　使母牛产乳峰值更高，持续时间更长。

● **饲养**　日粮干物质采食量逐渐增加到体重的3.5%以上。精料比率达到50%～60%。粗蛋白水平达到16%～18%，钙0.7%，磷0.45%。应多饲喂优质干草，对体重降低严重的牛适当补充脂肪类饲料（如全棉籽、膨化大豆等），并多补充维生素A、维生素D、维生素E和微量元素。

● **管理**　应适当增加饲喂次数，运动场采食槽应有充足补充料和舔砖供应。应尽快使牛只达到产奶高峰，保持旺盛的食欲，防止体况损失过多。做好产后监控，特别注意观察产后首次发情并及时配种。

泌乳中期（产后101～200天）

▲ **重点**　减缓泌乳量的下降速度、保持稳产。

● **饲养**　日粮干物质采食量应占体重3.0%～3.5%，精、粗比以40 ∶ 60为宜，粗蛋白质13%，钙0.6%，磷0.35%。

● **管理**　稳步恢复奶牛体况，日增重一般控制在0.25～0.5千克。

泌乳后期（产后201天至停奶）

▲ **重点**　控制好膘情，为下胎泌乳打好基础。

● **饲养**　日粮干物质采食量占体重的3.0%～3.2%，精粗比以30 ∶ 70为宜，粗蛋白质12%，钙0.6%，磷0.35%。调控好精料比例，防止奶牛过肥。

● **管理**　预防流产，做好停奶准备工作。理想的体况评分为3.5～3.75。至少在干奶期开始日之前1周内就应做好停奶准备。增加粗饲料，减少或不用谷物。

第三节 夏季和冬季饲养管理要点

一、奶牛夏季的饲养管理

▲ **重点** 防暑降温。运动场应有凉棚、遮阳网。

● **设施** 封闭式牛舍应打开门窗，必要时应安装排风扇，保证通风。对高产牛、老弱体质差的牛要及时淋浴降温。在牛舍周围、运动场四周植树绿化。

风 机

加强通风

● **饲养** 确保新鲜、清洁、充足的饮水供应。适当提高日粮精料比例，但精料最高不宜超过60%。可在日粮中添加脂肪，如添喂1～2千克全棉籽。使用瘤胃缓冲剂，在日粮干物质中添加1%～1.5%的碳酸氢钠或0.4%～0.5%的氧化镁。注意补充钠、钾、镁，提高维生素添加量。

● **管理** 调整饲喂时间，宜早晚凉爽时饲喂，甚至夜里加喂一次。定期灭蝇，至少每月一次。调整牛只的活动时间，中午尽量将牛留在舍内，避免辐射热。保证充足的饮水。根据生产的安排，调整母牛的产犊季节，尽可能避开夏天。

二、奶牛冬季的饲养管理

▲ **重点** 防寒保暖和换气。

● **饲养** 混合精饲料供给量可增加15%，饮足温水，要求水温不得低于5℃。缺青草地区要注意补充维生素、微量元素。防止奶牛采食有冰碴的饲料。

● **管理** 在犊牛舍地面，特别是水泥地面，应铺垫草。在牛舍门、窗加挂塑料薄膜以保证牛舍温度达到13℃以上，但同时要注意通风换气。冬季白天阳光充足、温暖的中午前后，将奶牛赶到舍外运动场，让奶牛晒太阳和自由运动，增强奶牛体质。

犊牛舍铺垫草

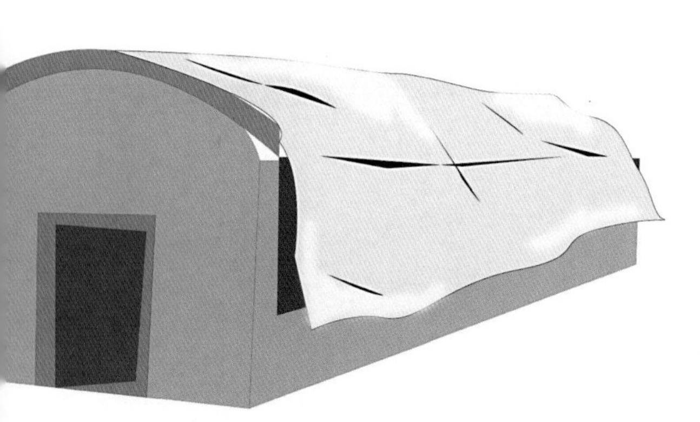

加盖塑料薄膜

不通风的牛舍湿度大

第四节 挤奶规程

一、挤奶前的准备

● **挤奶间准备** 挤奶间清洁、通风，挤奶设备干净，并要进行清洗消毒。

● **赶牛** 赶牛时要小心，尽量减少对奶牛的刺激。

● **牛体清洁和消毒** 保证牛体、乳房无粪便或脏物的污染。挤去各乳头前三把奶。用专用消毒液药浴乳头30秒，然后用单独干净毛巾或纸巾擦干乳头。

保证牛体卫生

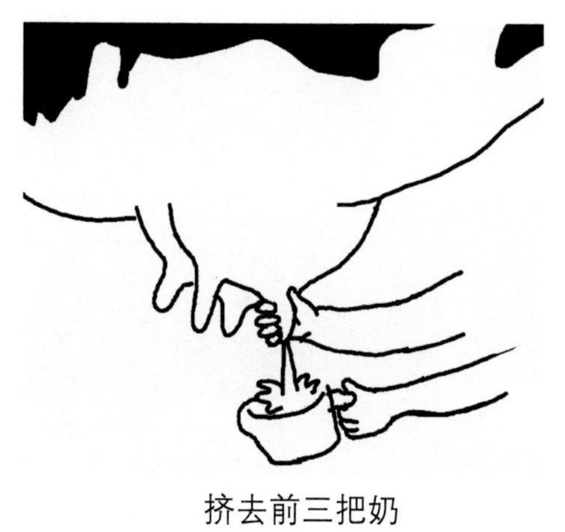

挤去前三把奶

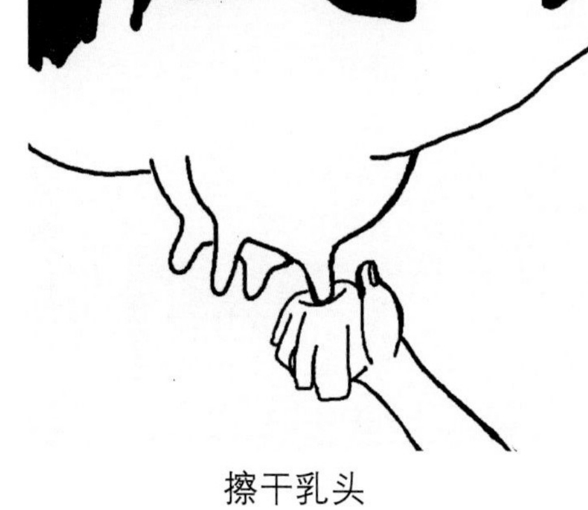

擦干乳头

二、挤奶程序

● **套杯** 乳头擦干后要尽快套杯。方法是：一只手托平挤奶杯组，另一只手开启真空，从最远的乳头开始以S形套杯，尽量减少空气进入系统。

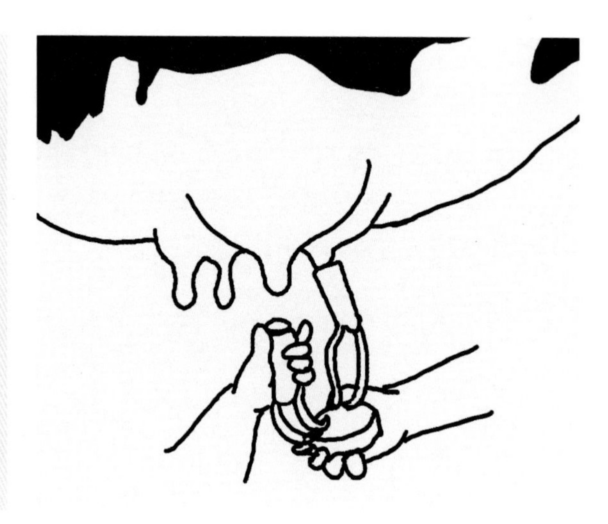

● **检查** 检查奶杯，保证排奶顺畅。不应为了挤净最后一滴奶而使乳房受到过多挤压。尽量避免用手将挤奶杯组向下按。

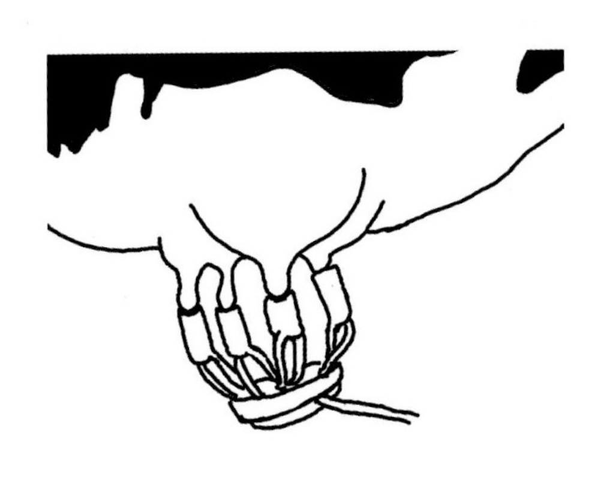

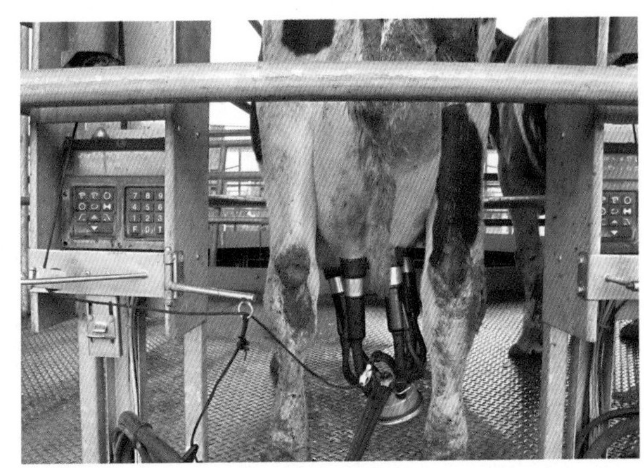

● **挤奶** 打开挤奶机，开始挤奶。

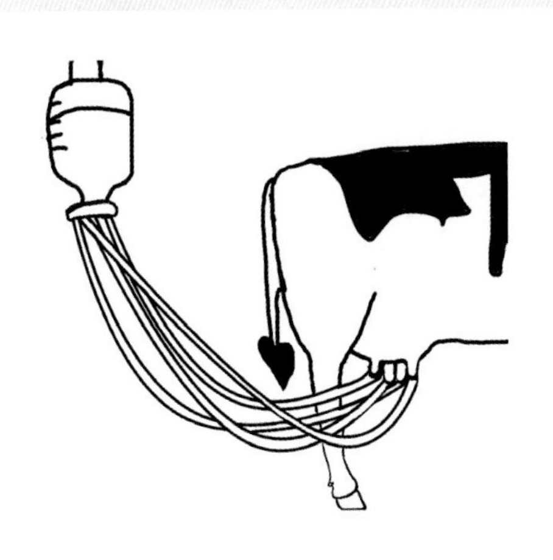

● **脱杯** 挤奶完毕后，尽快把奶杯移走。脱杯前先断开真空，让空气进入乳头和奶杯间空隙，轻轻将奶杯拉下。

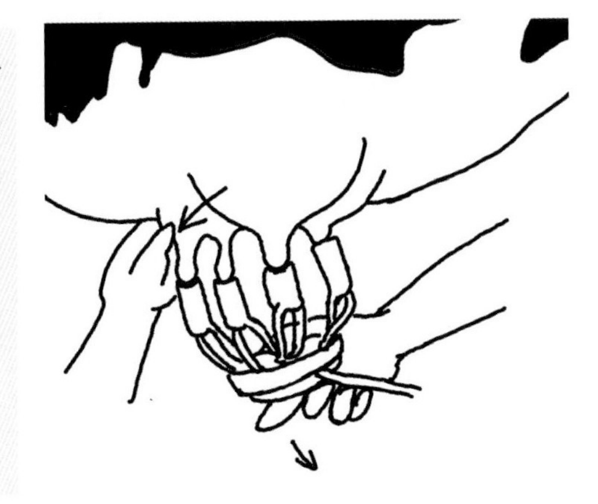

● **消毒**　挤完奶后用专用的消毒剂对乳头进行消毒，以防发生乳房炎。

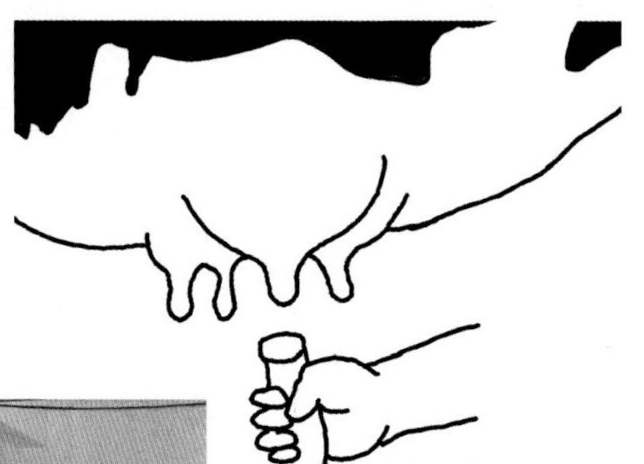

消　毒

直冷式贮奶罐

● **冷却**　挤出的鲜奶应在2小时内冷却至4℃保存，并及时交售。

三、挤奶设备的清洗和维护

● **清洗**

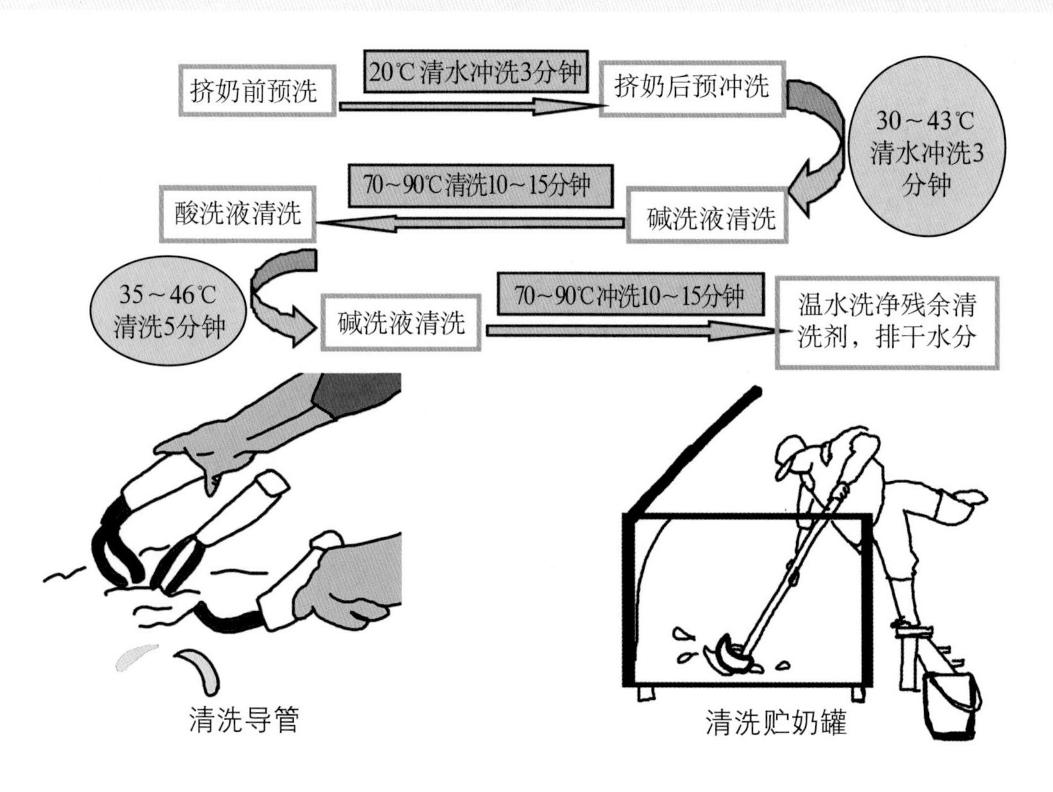

清洗导管

清洗贮奶罐

● **维护** 挤奶设备必须进行良好的维护、保养才能有效使用。挤奶设备除了日常保养外，每年都应当由专业技术工程师全面维护、保养。不同类型的设备应根据设备厂商的不同要求作特殊维护。

维护保养挤奶设备

5 第五章　环境卫生与防疫

第一节　环境卫生

一、卫生条件

良好的环境卫生条件是提高奶牛生产水平、健康水平和奶牛福利的首要条件。奶牛场卫生条件应符合农业部《畜禽场环境质量标准》要求，除具备良好的排污系统外，圈舍还应设绿化隔离带。

常年保持牛舍及其周围环境的清洁卫生，运动场无石块及积水，每天要清扫牛圈、牛床、牛槽；粪便、污物应及时清理，禁止在牛舍及其周围堆放垃圾和其他废物，对病畜尸体及污水、污物进行无害化处理。

保持奶牛干净卫生的生活环境

二、气候环境

奶牛喜凉爽、干燥的气候环境。影响奶牛场小气候的因素主要是温度、湿度、风速和光照等，这些因素直接影响奶牛体温的调节、能量代谢、物质代谢和健康。奶牛场要采取通风换气、防潮排水、夏季防暑降温、冬季防寒保暖、加强管理等措施，有目的地控制牛舍内的温度与湿度、光照与噪声、有害气体与灰尘，以达到优化牛舍小气候的目的。

适宜的气候环境利于奶牛生长

第二节　奶牛场环境控制

一、奶牛场消毒措施

● **消毒池**　奶牛场入口处要设消毒池，池子的尺寸应以车轮间距确定，小型场常用消毒池长3.8米、宽3米、深0.1米，大型场消毒池一般长7米、宽6米、深0.3米。池底要有一定的坡度，池内设排水孔。常用消毒液为2%的火碱液。

小型场消毒池

大型场消毒池

● **人员消毒室**　可从不同方向安装紫外灯，确保消毒不留死角；地面设火碱液（2%）或浸润火碱液的麻袋；室内应配备筒靴、鞋套、工作服、工作帽。

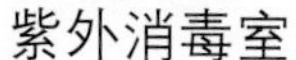

紫外消毒室

喷雾消毒室

生产人员进入生产区应淋浴消毒或紫外线消毒，更换衣、鞋，踩踏消毒液，工作服应保持清洁，并定期消毒。

更 衣 室

消毒通道

更 衣 室

二、粪污处理

粪污处理应遵循减量化、无害化和资源化利用的原则。粪便要日产日清，并将收集的粪便及时运送到贮存或处理场所。粪便收集过程中必须采取防扬散、防流失、防渗漏等工艺。应实行粪尿干湿分离、雨污分流、污水分质输送，以减少排污量。

漏缝板式清粪

刮板式清粪

铲车式清粪

● **利用粪污生产沼气** 利用微生物在厌氧条件下发酵，不仅分解粪污中有机物而产生沼气，而且可以杀灭大多数寄生虫。沼气可用来解决牛场生活区照明、煮饭、烧水等，以节约能源。

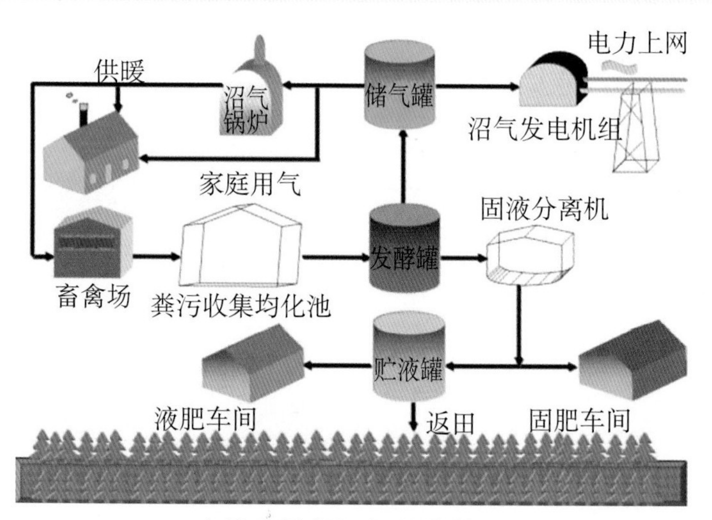

农牧良性循环与经济循环

奶牛场风车发电

沼气发电

● **达标排放与种养结合** 可将粪污饲养蚯蚓，或将发酵后的粪水送到林、果、草基地，既解决了奶牛养殖过程中产生的污染问题，又解决肥料问题。

● **静态通风发酵堆肥** 可将分离的固体牛粪堆积保持发酵温度50℃以上，时间应不少于7天；或保持发酵温度45℃以上，时间不少于14天。采用此技术无害化处理后可作为农家肥、花肥施用，也可作为有机肥或复混肥加工的原料。

堆肥发酵

三、奶牛场防疫

● **奶牛场防疫** 执行“以防为主，防治结合”的方针，每年春、秋季检疫后，立即对牛舍内、外及用具等彻底进行一次大消毒，定期消灭蚊蝇和鼠类。

牛舍喷雾消毒

● **人员防疫**　牛场工作人员必须体检健康，挤奶工手部受刀伤和其他开放性外伤未愈前不能挤奶。饲养员和挤奶员在工作时必须穿戴洁净的工作服、工作帽和工作鞋。

非生产人员一般不允许进入生产区，特殊情况下，非生产人员需经淋浴或紫外线消毒后方可入内，并遵守场内的一切防疫制度。

● **防疫规程**　奶牛场应根据《中华人民共和国动物防疫法》及其配套法规的要求，结合当地实际情况，对法令规定的疫病和当地易发的疫病进行预防接种工作，重点加强对口蹄疫、布鲁氏菌病、结核病、炭疽等传染病的防疫。奶牛场应配备相应设备保存疫苗，对严重危害养殖业和人体健康的疫病实行计划免疫制度，实施强制免疫，并建立免疫档案。奶牛常见的疫苗接种按使用说明书进行。

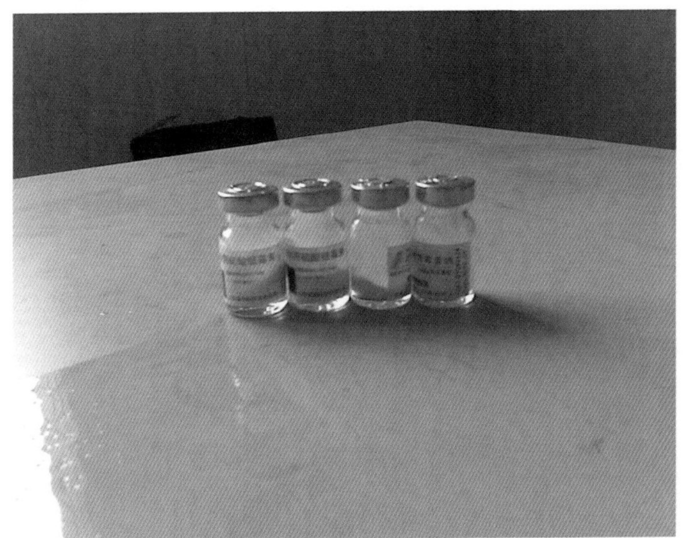

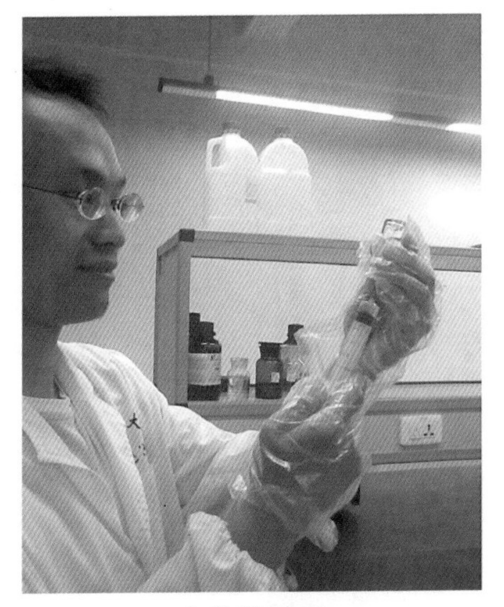

疫苗的接种

奶牛常见的疫苗接种

接种时间	疫苗名称	接种方法	注射剂量	免疫保护期	备　注
1月龄内	牛副结核病疫苗	胸垂或颈部皮下注射	1毫升	2年	
	Ⅱ号炭疽芽孢苗 （或无荚膜炭疽芽孢苗）	皮下注射	1毫升	1年	
			0.5毫升	6个月	
1~1.5月龄	牛沙门氏菌病弱毒疫苗 （或牛沙门氏菌病灭活疫苗）	皮下注射或肌内注射		1年	按疫苗说明书免疫
				6个月	
1~2月龄	牛气肿疽灭活疫苗	皮下注射或肌内注射	5毫升	6个月	半年后加免一次
4月龄	牛巴氏杆菌病灭活疫苗	皮下注射或肌内注射	4～6毫升	9个月	
4~5月龄	亚洲Ⅰ型口蹄疫灭活疫苗 牛口蹄疫O型灭活疫苗	肌内注射	1毫升	6个月	半年后加免一次
			2毫升		
4.5~5月龄	牛巴氏杆菌病灭活疫苗	皮下注射或肌内注射	4～6毫升	9个月	
5~6月龄	牛传染性鼻气管炎疫苗	皮下注射或肌内注射	1毫升	1年	
6月龄	牛布鲁氏菌A19号菌苗	皮下注射（按每瓶所含菌数用合格生理盐水稀释）	10亿活菌剂量	6～8年	第一次配种前再免疫一次

（续）

接种时间	疫苗名称	接种方法	注射剂量	免疫保护期	备　注
12月龄	无毒炭疽芽孢苗	皮下注射	1毫升	1年	
	破伤风类毒素	皮下注射	1毫升	1年	
	牛O型口蹄疫灭活疫苗（单价苗），牛、羊O-A型口蹄疫双价灭活疫苗（双价苗）。	肌内注射	3～5毫升	6个月	分娩前3个月肌内注射
18月龄	狂犬病灭活疫苗	肌内注射	20～25毫升	6个月	
	牛气肿疽、出败二联干粉苗	皮下注射或肌内注射	1毫升	1年	临用时用20%氢氧化铝稀释液稀释
	魏氏梭菌灭活苗	皮下注射		6个月	按疫苗说明书使用
成年牛	牛气肿疽灭活疫苗	皮下注射	5毫升	6个月	每年接种1次
	炭疽菌苗	皮下注射	1毫升		每年春季接种1次
	破伤风类毒素	皮下注射	1毫升	1年	每年定期接种1次
	牛口蹄疫疫苗	皮下注射或肌内注射	2毫升	6个月	每年春、秋各接种1次，妊娠母牛在分娩前2~3个月免疫
	狂犬病灭活疫苗	肌内注射	20～25毫升	6个月	每年春、秋各接种1次
	牛泰勒梨形虫活疫苗	皮下注射或肌内注射	1～2毫升	1年	
	牛传染性鼻气管炎疫苗	皮下注射或肌内注射	2～4毫升	1年	种用母牛配种前免疫
	牛乳房炎疫苗	皮下注射或肌内注射		1年	按疫苗说明书免疫或在产前免疫
	牛沙门氏菌病灭活疫苗	皮下注射或肌内注射		6个月	成年牛每年免疫1~2次，孕牛产前2个月免疫
	牛流行热疫苗	皮下注射或肌内注射		6个月	间隔4周进行2次免疫，免疫时间在每年7月份之前
	魏氏梭菌灭活苗	皮下注射		6个月	按疫苗说明书使用

● **奶牛的驱虫** 每年春、秋各进行1次体表寄生虫的检查。6～9月份，焦虫病流行区要定期检查并做好灭蜱工作，10月份对牛群进行一次肝片吸虫等的预防驱虫工作。春季对犊牛群进行球虫的驱虫工作。用药方法和用量参照药物说明书进行。

寄生虫病名称	特征性症状	驱虫药物	预防措施
疥癣	患部发痒、脱毛、皮肤擦伤、破裂，渗出淋巴液，形成痂皮	阿维菌素、三唑磷、敌百虫、伊维菌素、灭虫丁	定期药浴、牛舍要经常清扫消毒
焦虫病	发病后3～4天出现血红蛋白尿	锥黄素、阿卡普林、台盼蓝、强化血虫净	可用三氮脒，按每千克体重3～7克，配成5%的溶液，进行深部肌内注射
蛔虫病	病牛以间隙性腹泻为主要症状，牛体消瘦、精神不振，有时还兼有咳嗽和便秘等	左旋咪唑	在犊牛1月龄和5月龄时饲喂左旋咪唑。同时，对圈舍场地每15天用2%敌百虫溶液喷洒1次
球虫病	急性型表现为精神沉郁、食欲废绝、体温上升；慢性型表现为长期腹泻、消瘦、贫血。以出血性肠炎为特征	氯苯胍	在流行地区，应采取隔离、治疗、消毒的综合措施。牛舍保持干燥，粪便和垫草集中发酵处理
肝片吸虫病	病牛逐渐消瘦，食欲减退，反刍异常，出现周期性瘤胃臌胀或前胃弛缓，腹泻、贫血，产奶量下降，妊娠流产	丙硫咪唑	驱虫和粪便发酵是积极的预防措施

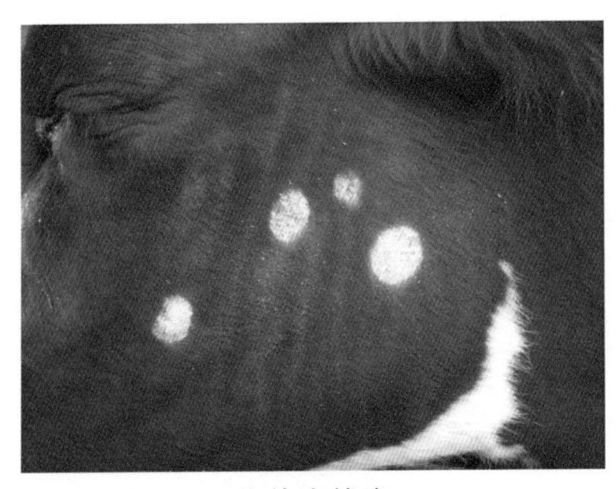

牛体表钱癣

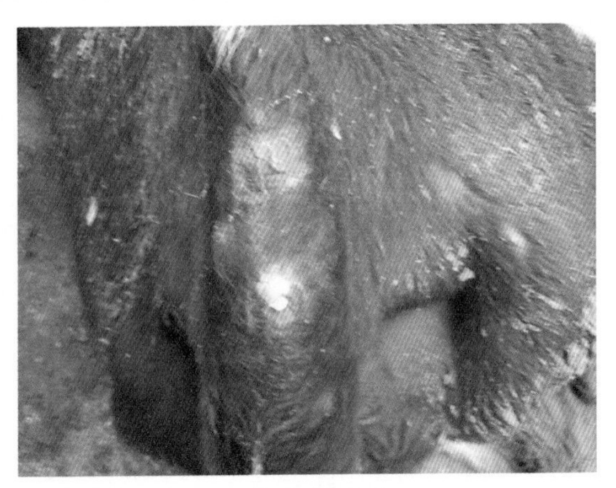

牛体表寄生虫

● **疫病监测**　奶牛结核病每年在5月份和10月份各检疫1次，每年4月份对牛群进行布鲁氏菌病检疫。牛只出售前1个月内要做完布鲁氏菌病和结核病的临时检疫，出售时由牛场兽医人员填写检疫证，交给购入单位。检疫方法按农业部颁发的《动物检疫操作规程》进行，检出阳性反应牛应送隔离场或扑杀作无害化处理，可疑反应牛隔离复检后按法规处置。

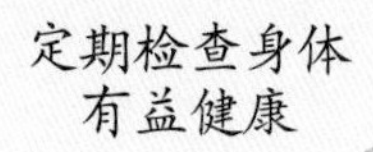

病牛尸体进行深埋及消毒处理

焚 尸 炉

6 第六章 常见疾病诊治

第一节 一般检查方法

一、眼观检查

● **采食粗料观察** 食欲反映奶牛的全身及消化道健康状况，一旦食欲降低则说明某些疾病已经发生。食欲减退见于口腔疾病或引起胃肠机能障碍的其他疾病，食欲废绝见于严重的全身机能紊乱和严重的口腔及其他疼痛性疾病等。

● **采食精料观察** 精料投放不当会引起采食量下降或拒绝采食，此症状多为真胃疾病或瘤胃酸中毒。

● **饮欲观察**　饮欲反映奶牛需水量程度。饮欲减退见于伴有昏迷的脑病及某些胃肠病；饮欲增加则见于气候炎热、严重腹泻、高热、大失血等。

● **反刍观察**　健康牛反刍出现在采食后0.5 ~ 1小时，每天反刍6 ~ 8次，一次反刍40 ~ 50分钟，每次咀嚼40 ~ 60次。

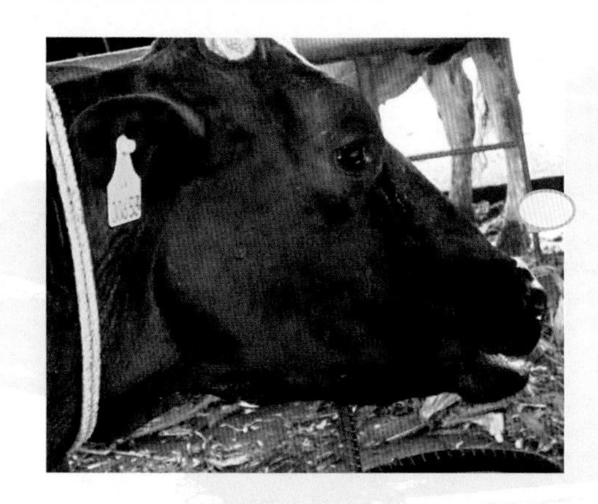

● **粪便观察**　根据粪便的性质可大概判断该牛的消化功能和消化道疾病。饮水量和青绿饲料投给量的多少，也可使粪便出现相应的变化。饮水过少时，粪便干；后段消化道出血时粪便多为红褐色；过食精料粪便较稀，呈淡黄色并发酸。粪中有黏液，表明有肠炎。

正常成年奶牛粪便

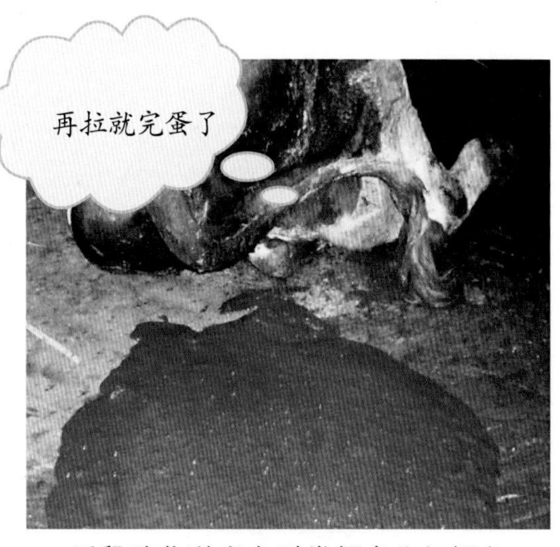

后段消化道出血时粪便多为红褐色

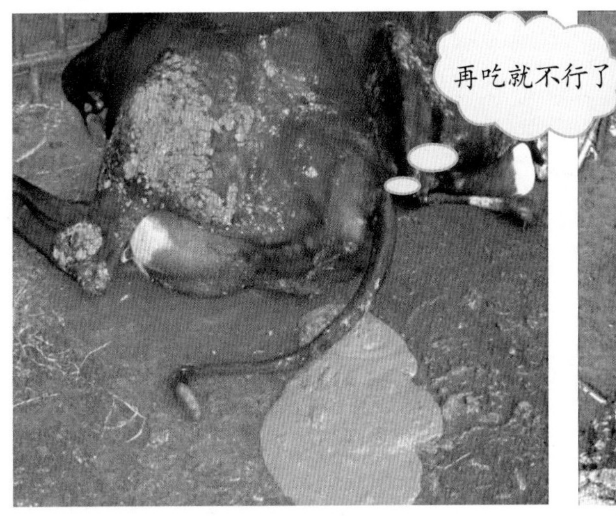

过食精料的粪便

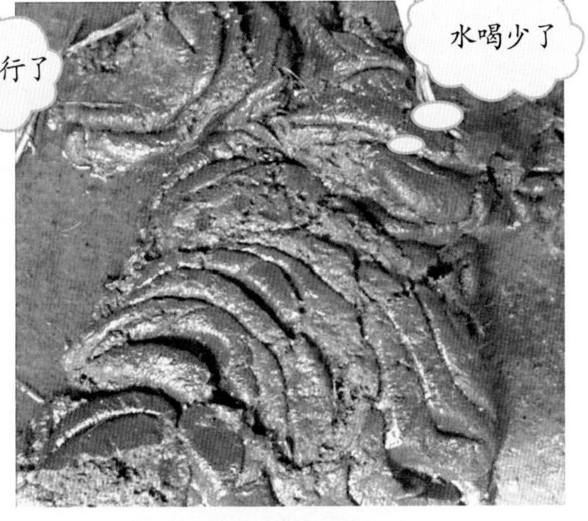

较干燥的粪便

● **鼻液观察** 正常情况下，因鼻液量少而被牛舔食。病理情况下，鼻液的量增加，如其中混有脓性分泌物表明炎症严重。

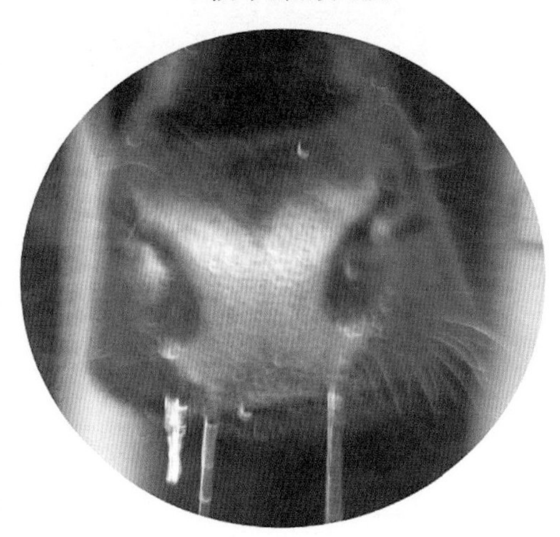

● **站立姿势观察** 奶牛站立时常四肢均衡负重，如躯体偏向某侧表明对侧肢患病。

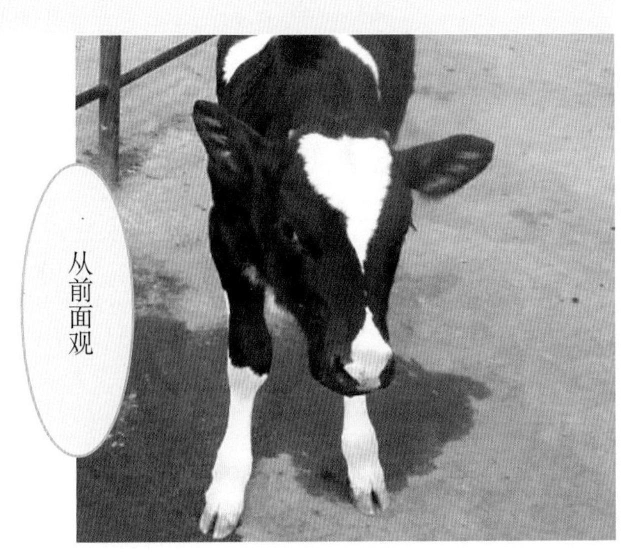

● **行走姿势检查** 奶牛行走时步态均匀，如踏地不能负重多为蹄部有炎症，如可以负重但举腿困难可视为该肢上部疼痛。

前面观察牛行走姿势

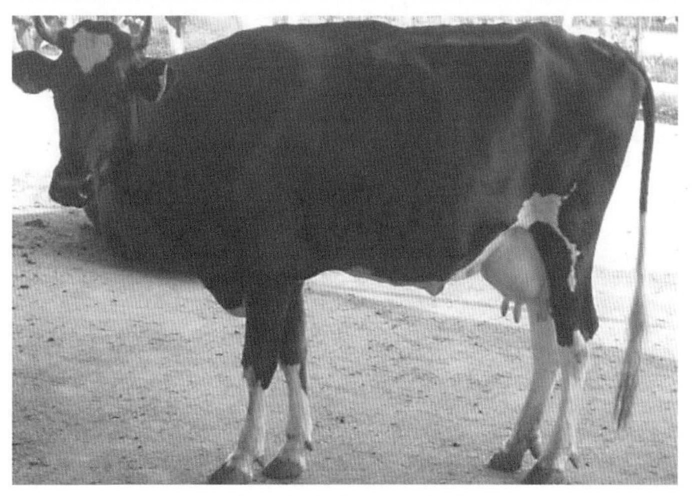

侧面观察牛行走姿势

二、常规检查

● **皮肤检查** 健康牛的皮温均匀、皮肤弹性强。检查时注意皮肤温度是否正常，有无肿胀、发疹以及受损等。

● **眼结膜检查** 正常眼结膜呈淡粉红色，角膜表面光滑透明，有小的血管支分布，虹膜棕黑色。检查时应注意其色泽和分泌物的变化及有无肿胀等。

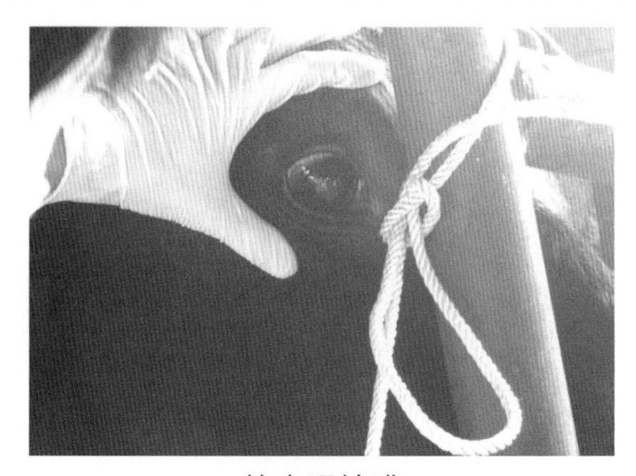

检查眼结膜

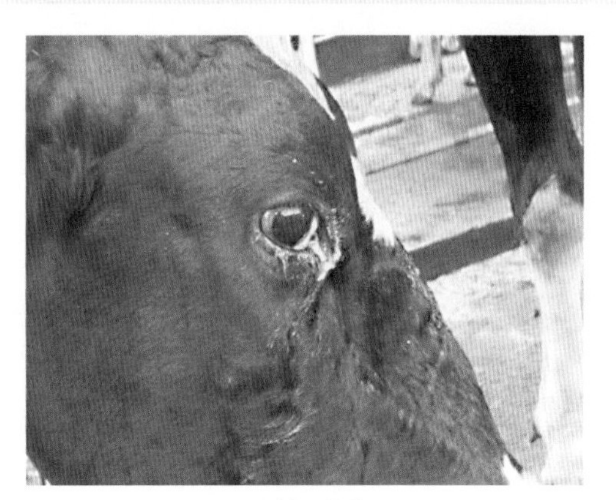

眼结膜炎

● **体表淋巴结检查** 常检查的淋巴结有颌下淋巴结、肩前淋巴结、股前淋巴结等。主要触诊其大小、硬度、温度及敏感性等。上述淋巴结肿大表明相应组织有炎症。

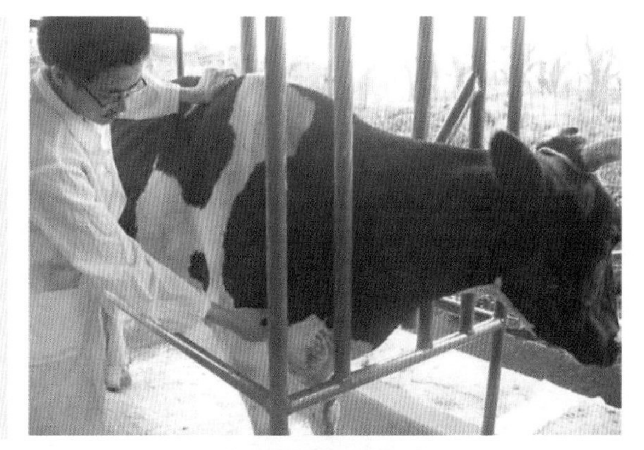

肩前淋巴结检查

● **体温测定** 健康奶牛体温为37.5 ~ 39.5℃。体温高于常温证明发生肺炎、胸膜炎、中暑等。体温降至正常指标以下，预后不良。测定方法是将体温计插入肛门，3分钟后取出察看测得的温度。

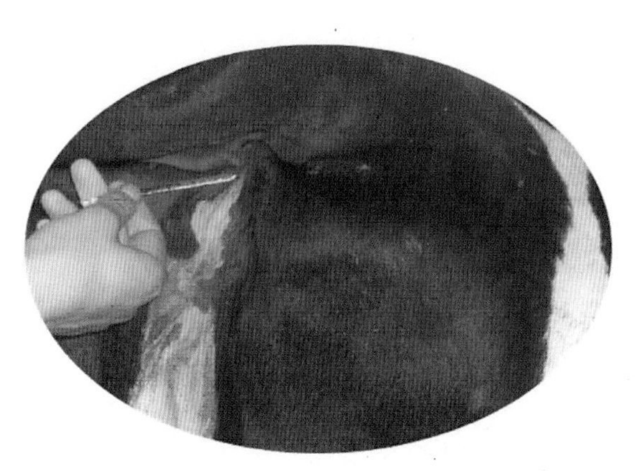

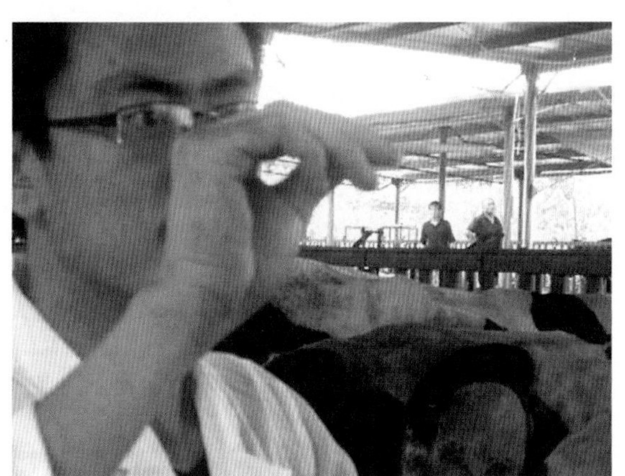

● **乳房检查** 正常乳房的皮温、质地均匀。检查时注意乳房是否有肿胀、缩小、增温、疼痛、硬结等情况。如有上述情况出现说明该乳区患有不同程度的炎症。

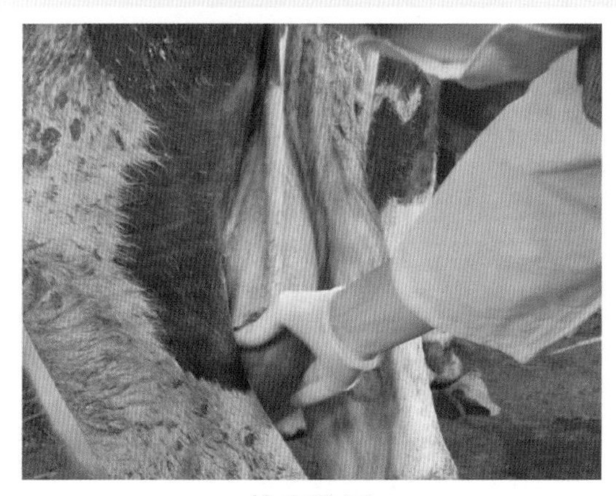

检查乳区

检查乳上淋巴结

● **隐性型乳房炎检查**　乳房无肉眼可见炎症但乳质出现变质者称为隐性型乳房炎。检查时在黑色背景玻璃上，加入鲜牛乳5滴，再加入4%苛性钠2滴，迅速呈同心圆状均匀搅拌10 ～ 20秒钟，同时观察结果。

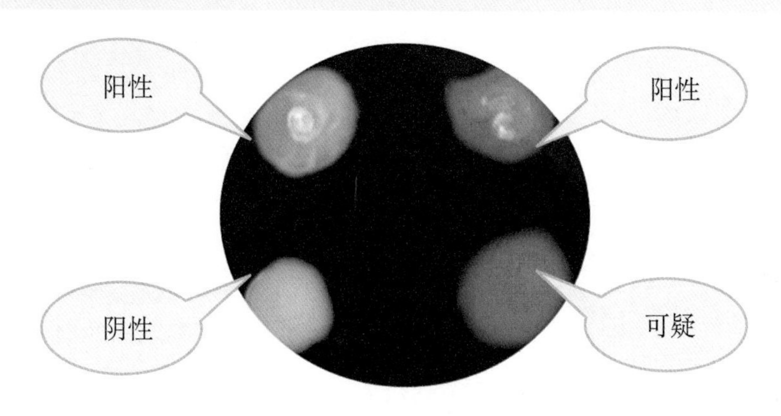

第二节　常规治疗技术

● **灌药法**　用长颈塑料瓶或斜口的竹筒将中药煎剂等灌入牛的口腔内。灌入药物时不宜太快，否则易导致异物性肺炎的发生。

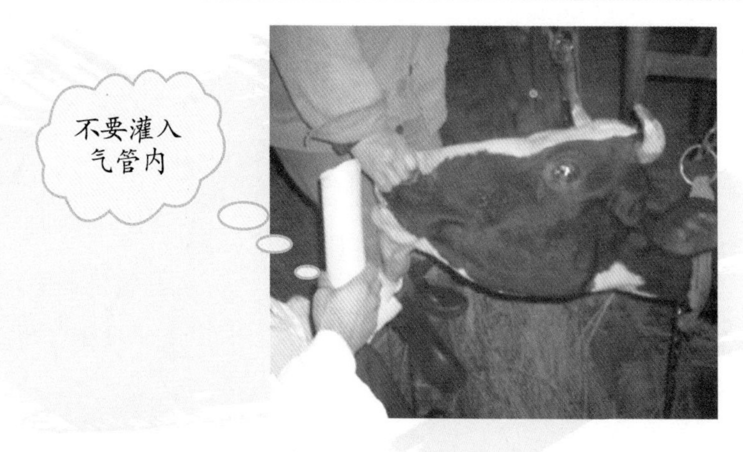

● **皮下注射法**　最佳部位是颈侧。进针处局部剪毛消毒，避开血管，垂直进针，刺入2 ～ 3厘米后，手提针头，连接注射器，注入药液。

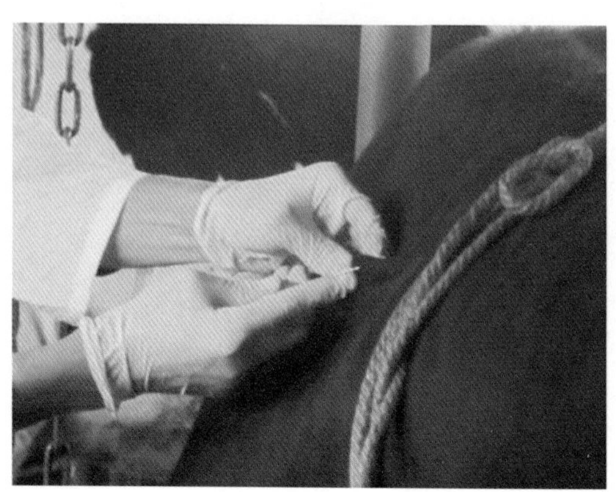

皮下注射

● **肌内注射法**　最佳部位是颈侧或臀部肌肉。局部剪毛消毒后，将针头先刺入肌内，再连接吸好药液的注射器，注入药液。

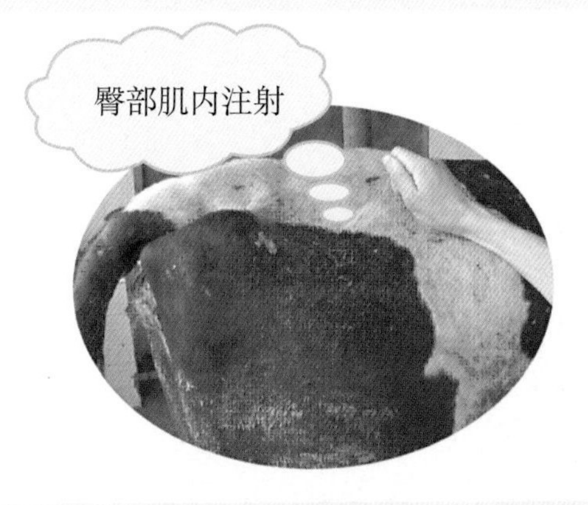
臀部肌内注射

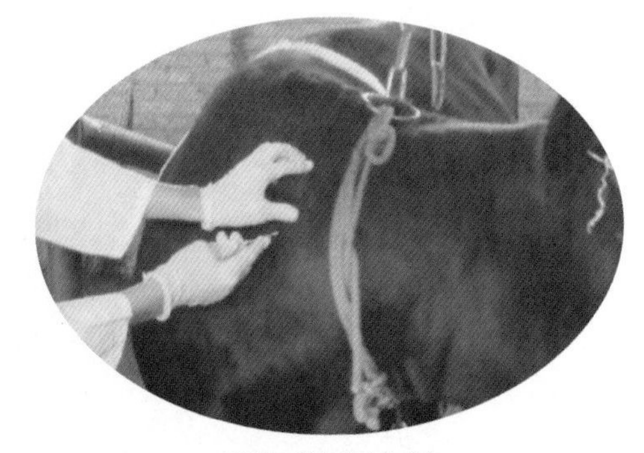
颈部肌内注射

● **静脉注射法**　最佳部位是颈静脉沟。局部剪毛消毒后，以手指压在注射部位近心端静脉，待血管怒张后用16 ~ 20号针头，对准血管中央刺入，血液流出后，连接输液器。

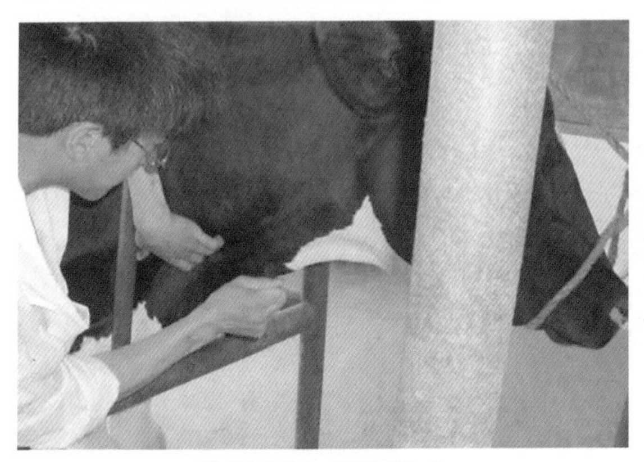
将针刺入颈静脉内

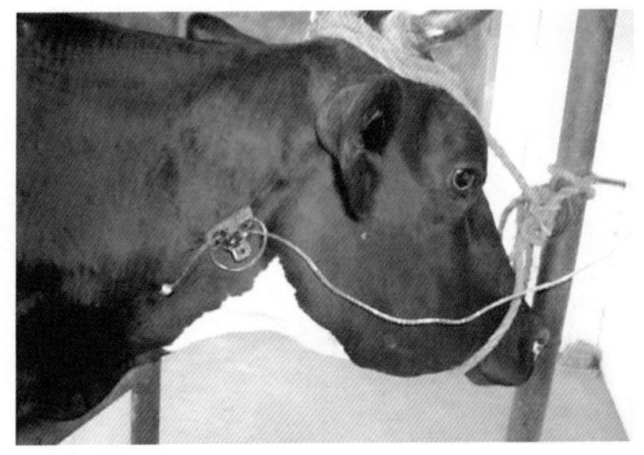
将输液器固定在颈部

● **腹腔注射法**　最佳部位是牛右肷部的中央处。常用于奶牛久病、心力衰竭和静脉输入钙制剂等。

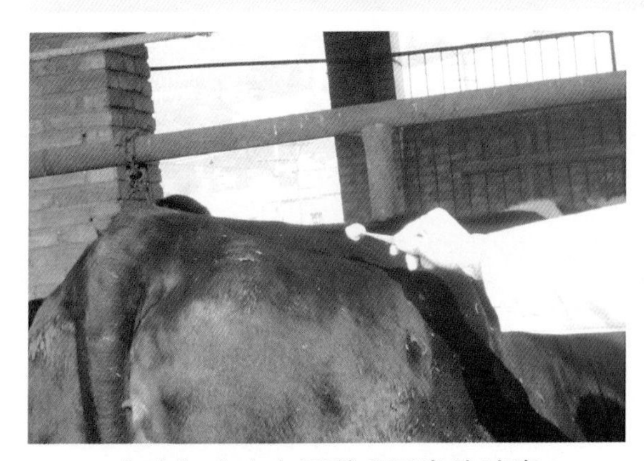
右肷部中央向下约5厘米处消毒

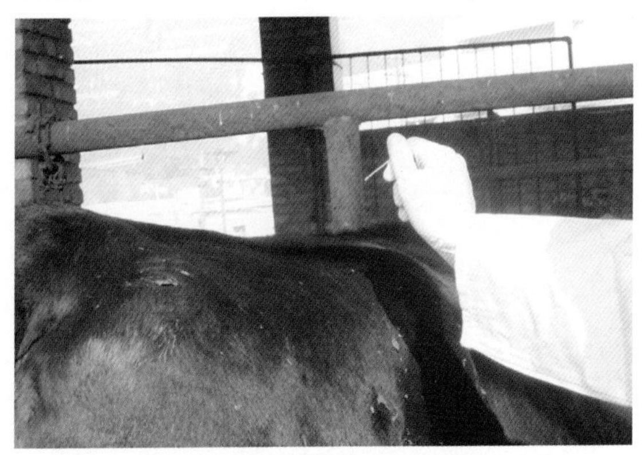
将针刺入腹腔并注入药液

● **瓣胃穿刺法**　用于反刍动物瓣胃阻塞的治疗。术部选在右侧第8～9或9～10肋骨前缘与肩关节水平线交叉点上下2厘米。如进针部位正确，针将呈倒8字形摆动。

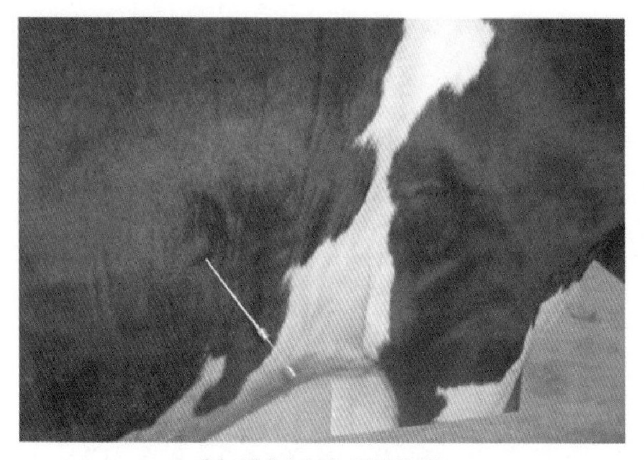

针呈倒8字形摆动

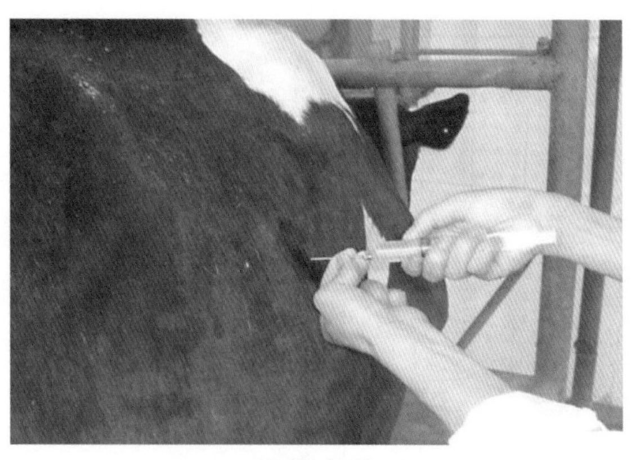

注射药液

● **瘤胃穿刺法**　本方法主要用于奶牛瘤胃急性臌气的急救和瘤胃臌气后的投药。术部选在左肷窝臌胀最明显处。

在左肷窝臌胀最明显处消毒

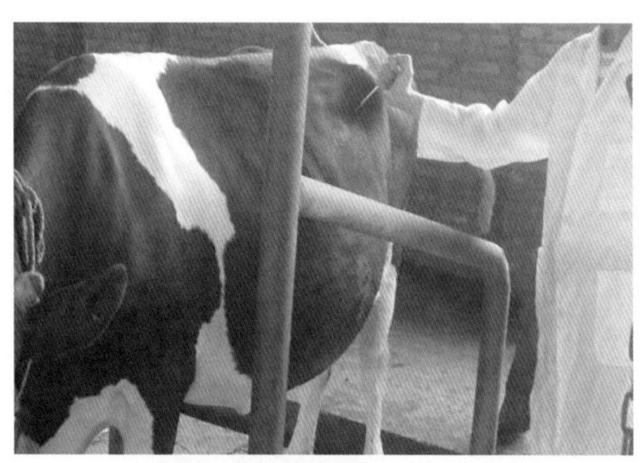

插入穿刺放气针即可放气

● **乳头灌注法**　该法是治疗乳房炎的一种常规方法。操作前将适量抗生素加入80～100毫升生理盐水中，在挤尽乳后用通乳针和注射器将所配药物一次注入乳头内。

挤尽乳后灌药

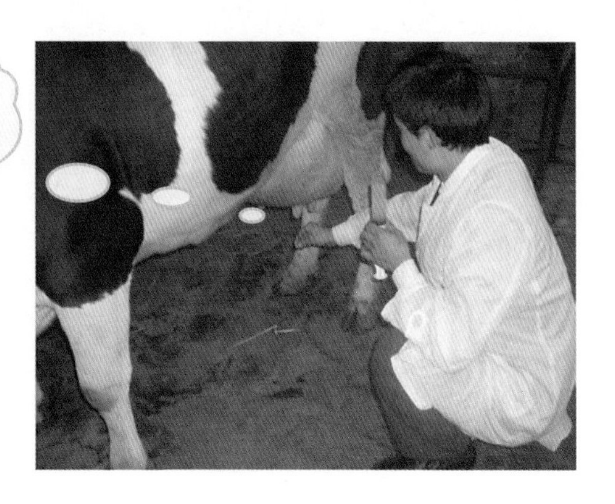

● **生殖股神经封闭法**　本方法对治疗乳房炎有较好效果。进针部位在患侧的第3～4腰椎横突间，距体中线6～7厘米的交点处。药物为2%普鲁卡因20毫升，器具是封闭针和20毫升注射器（有经验的兽医才能使用本方法）。

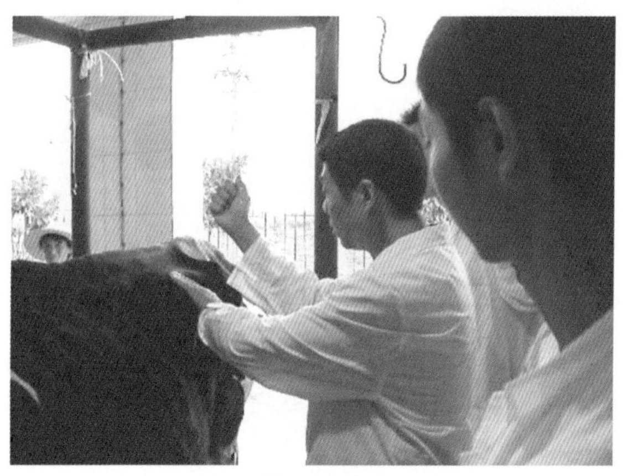

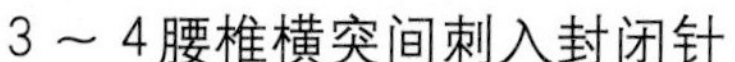
3～4腰椎横突间刺入封闭针

推入2%～3%普鲁卡因

● **乳房基部封闭法**　本方法对急性和慢性乳房炎都有较好效果。部位选在后乳区，在两乳房基部之间偏向患区处；前乳区在腹侧壁的乳房基部。药物为0.25%～0.5%普鲁卡因50毫升，青霉素160万～320万单位。器具是封闭针和50毫升注射器。

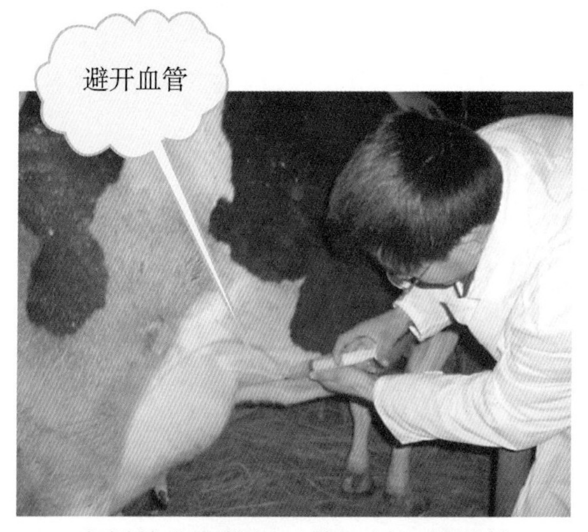

患侧前乳房基部（前）刺入封闭针

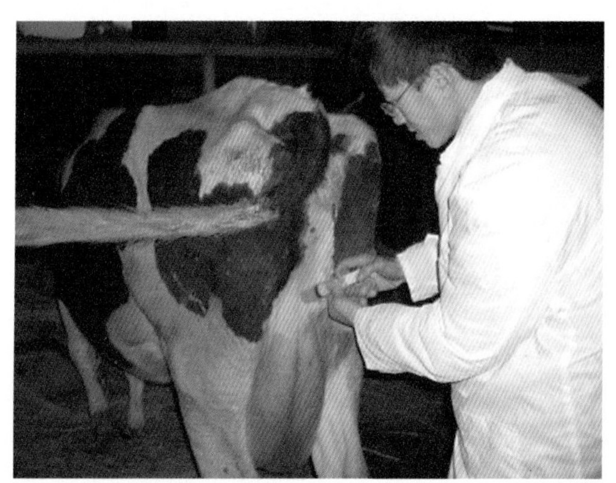

患侧乳房基部（后）刺入封闭针

● **灌肠法**　用于瘤胃臌气、瓣胃阻塞和便秘等。术者通过肛门将表面光滑的胶管插入直肠，另一端接上漏斗并高举，将0.1%高锰酸钾液灌入肠管中，通过刺激让其排便或排气。

● **徒手排粪法**　用于瘤胃臌气、瓣胃阻塞、便秘、手术剥离胎衣和子宫脱出整复前的排粪等。

手伸入直肠
将粪排出

第三节　常见产科疾病

一、妊娠期疾病

流　　产

流产前多表现拱腰、屡作排尿姿势，自阴户流出红色、污秽不洁的分泌物或血液，乳量突然增加。因怀孕月龄不同，排出胎儿的形状也有较大差异。

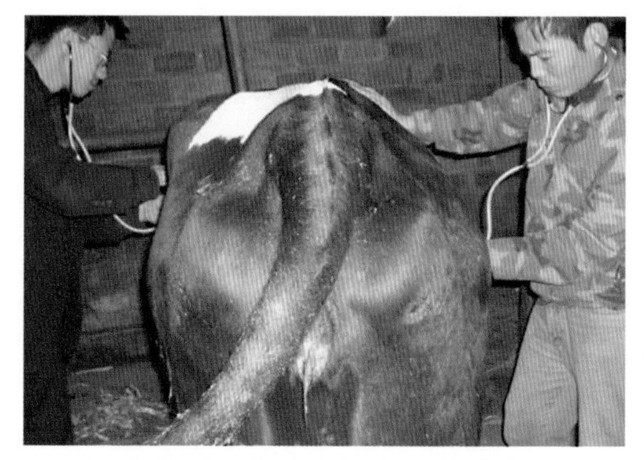

流产前阴户流出混有血的黏液

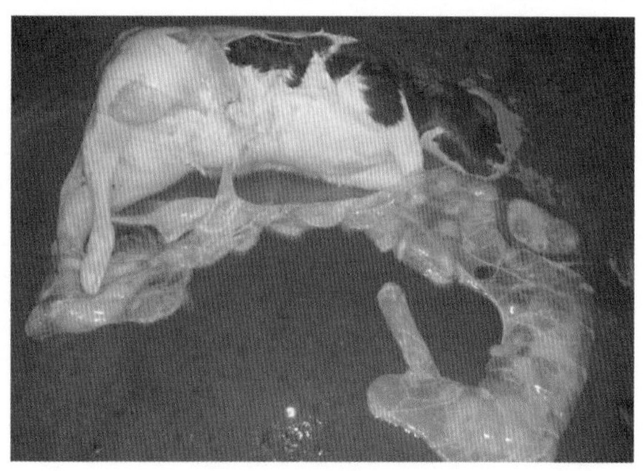

流产出怀孕8个月左右的奶牛胎儿（含胎膜）

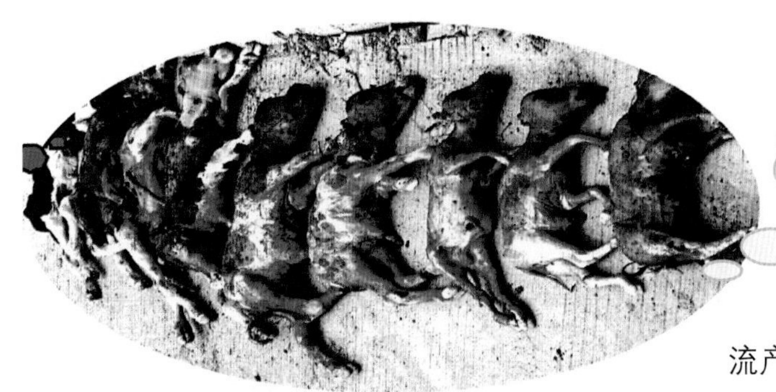

流产出怀孕5～8个月的奶牛胎儿

当母牛有轻度拱腰、举尾、未见子宫颈黏液塞流出或流出黏液无血液时一般可保胎。处理方法是：每日或隔日一次肌注孕酮50～100毫克，连用数次。如不能保胎，应一次肌注氯前列烯醇0.4毫克，尽快促使子宫内的死胎排出。

阴 道 脱 出

阴道脱出的病因多见于牛床修建不合理及年老体弱、运动不足等。治疗本病时用0.1%高锰酸钾液清洗脱出部，除去异物和坏死组织，涂上四环素软膏，将阴道推回，内翻缝合阴户。

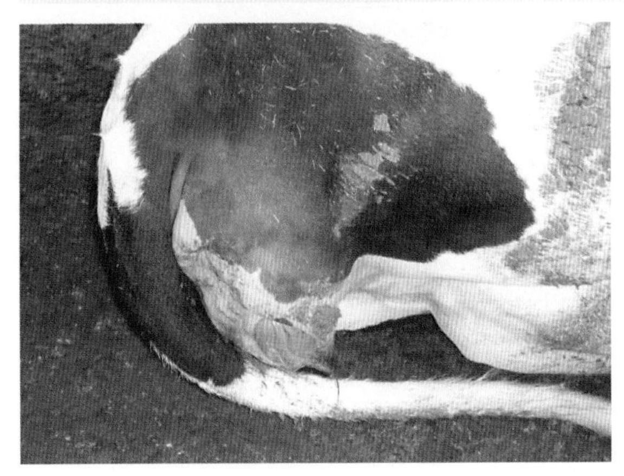

尚未感染的阴道脱出

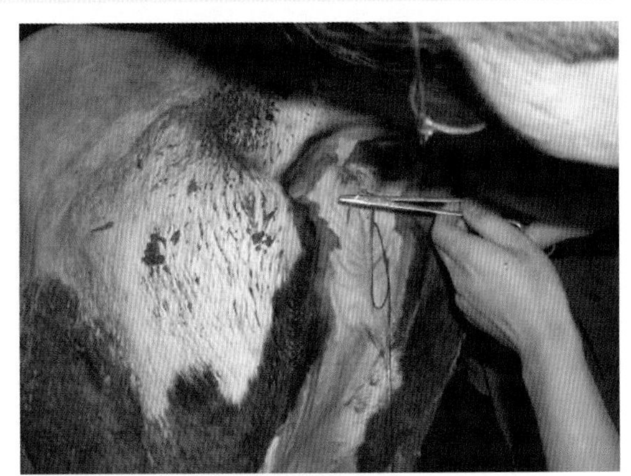

阴户内翻缝合

二、分娩期疾病

子 宫 扭 转

子宫围绕自身纵轴扭转称子宫扭转。本病多见于临近分娩或分娩期的奶牛，少见于怀孕后期。根据扭转程度其症状不尽相同。治疗时将牛侧卧保定，手握胎儿一蹄部并使之弯曲，转动大牛可望矫正成功。

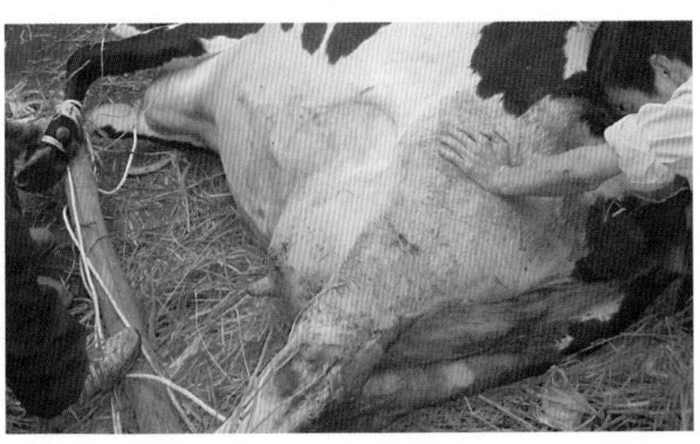

矫正子宫右转时，将牛右侧卧，术者固定胎儿，使牛翻到左侧

胎儿过大的救助方法

分娩时胎儿的胎位、胎势、胎向和母牛的阵缩、努责均正常，子宫颈开放充分，仅由于胎儿相对较大不能通过产道者称胎儿过大。救助时应先向子宫内注入大量润滑剂，然后缓慢拉出胎儿。

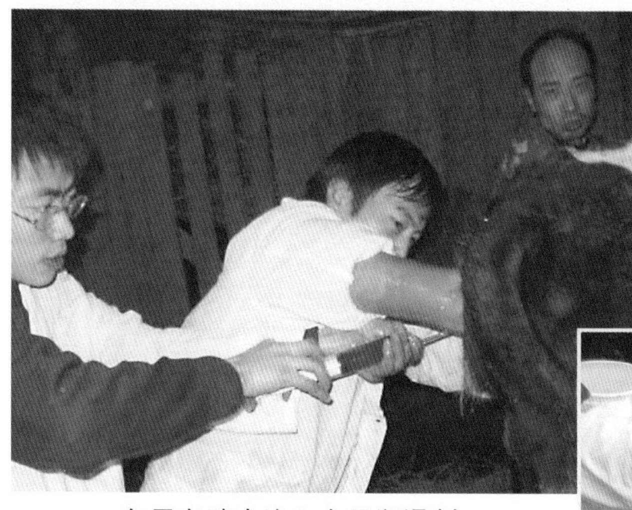

向子宫腔内注入大量润滑剂

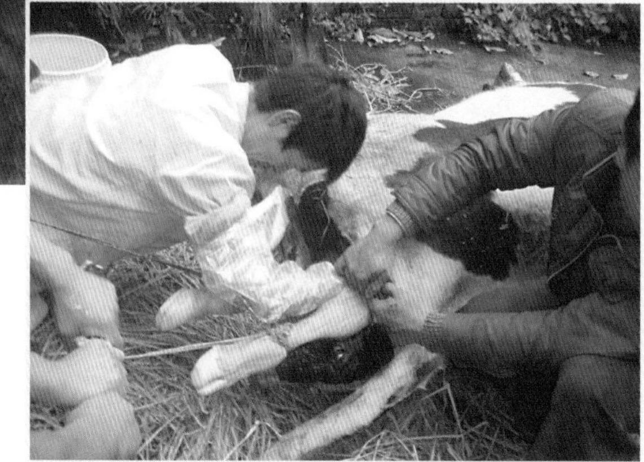

拉胎儿时速度应慢，否则子宫脱出

腕关节屈曲的救助方法

腕关节屈曲是一侧或双侧前腿没有伸直，腕关节楔入骨盆入口处。产道检查，可摸到一或二侧屈曲的腕关节位于耻骨前缘附近，救助方法如下图。

用绳拴住胎儿蹄部，后推胎儿时拉出蹄部

（引自陈北亨主编的《兽医产科学》）

头颈侧弯的救助方法

头颈侧弯是指胎儿产出时头颈弯向自身一侧胸腹部。矫正前，分别拴住胎儿的两前肢系部，轻轻外拉，以便用绳拴住胎儿下颌骨。当术者推胎儿肩部时。助手用力外拉头部即可矫正。

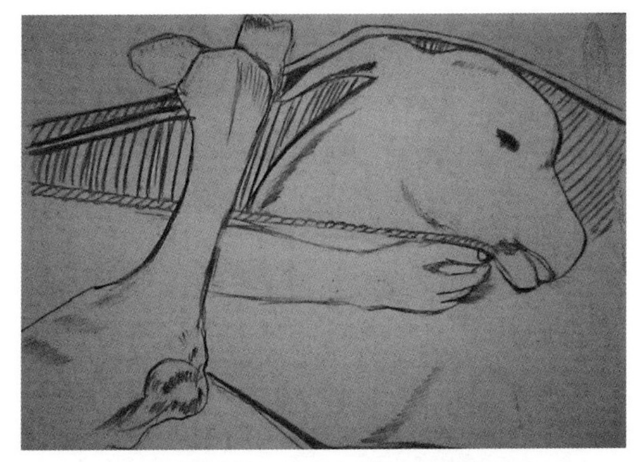

助手向外拉拴住下颌骨的绳子
（引自陈北亨主编的《兽医产科学》）

倒生下胎位的救助方法

胎儿产出时胎向、胎势均正常，两后肢向着母体产道，胎腹部朝向母体背部称倒生下胎位。救助时在胎儿两后肢间拴上木棒，转为上胎位即可。

三、产后期疾病

子 宫 脱 出

子宫甚至一部分阴道翻转脱出于阴门之外为子宫脱出。本病多发生在分娩后数小时至2日内。发病的主要原因是产道干燥，拉出胎儿过快。临床可见一大的囊状物从阴门中突出，下端可垂至跗关节，多数附着部分未脱落的胎衣。治疗方法如下：

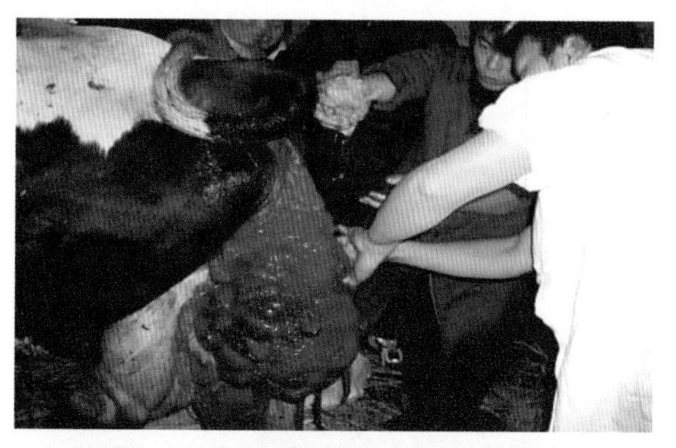

用0.1%高锰酸钾液清洗消毒子宫

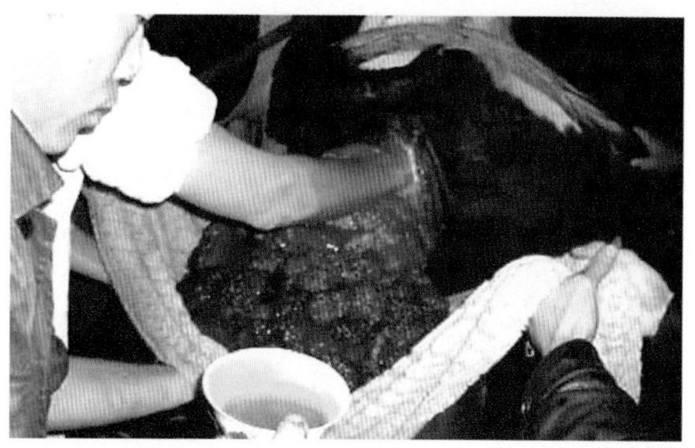

托起子宫并涂上油类物质

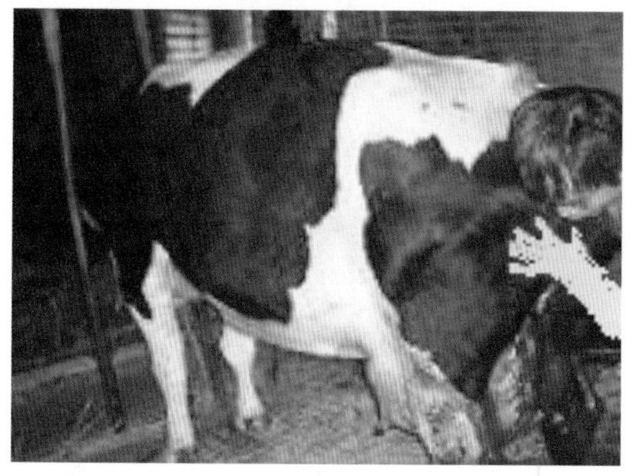

将子宫送入腹腔并推伸

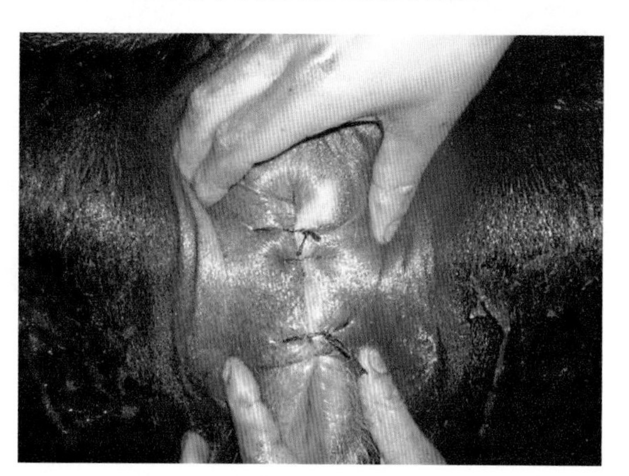

缝合后的阴门

胎 衣 不 下

奶牛分娩后，胎衣在12小时内未能排出者称胎衣不下。胎衣不下可引起子宫内膜炎和子宫复旧延迟，从而导致不孕。治疗时首先清洗、消毒外阴及其周围，然后剥离胎衣，最后向子宫内投入抗生素。

奶牛胎衣不下

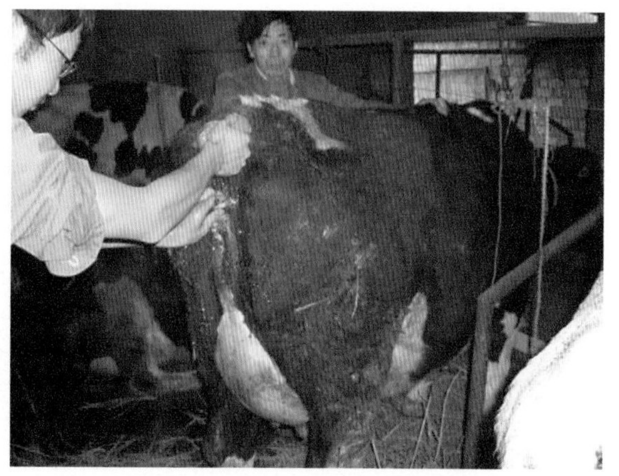

用0.1%高锰酸钾液清洗外阴及其周围

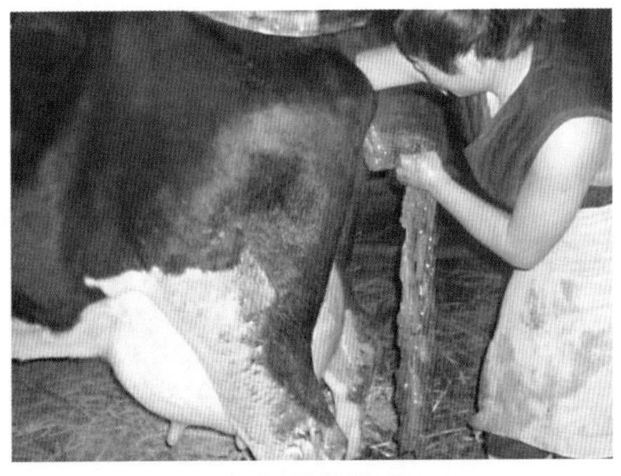

小心剥离胎衣

在子宫内投放抗生素

生产瘫痪

生产瘫痪是分娩前24小时到分娩后72小时内突然发生的一种严重代谢性疾病。其特征是血钙降低、全身无力、知觉丧失及四肢瘫痪，皮肤和耳、角根、蹄等部冰凉，体温下降到35 ~ 36℃。治疗时可同时静脉注射10％葡萄糖酸钙溶液300 ~ 500毫升，10％葡萄糖溶液1 000毫升，一日1次，连用3天。生产上也可用乳房送风器进行乳房送风治疗。

患牛卧地不起，闭目昏睡，反射微弱或消失

子宫内膜炎

病牛体温稍增高，精神不振，常作排尿姿势，卧下时从阴门中排出多量脓性黏液。治疗时每日用低于体温的0.1％高锰酸钾液冲洗阴道，促进子宫收缩，排出子宫内炎性产物，投服中药，连用3天，第3天一次性向子宫内输入抗生素。

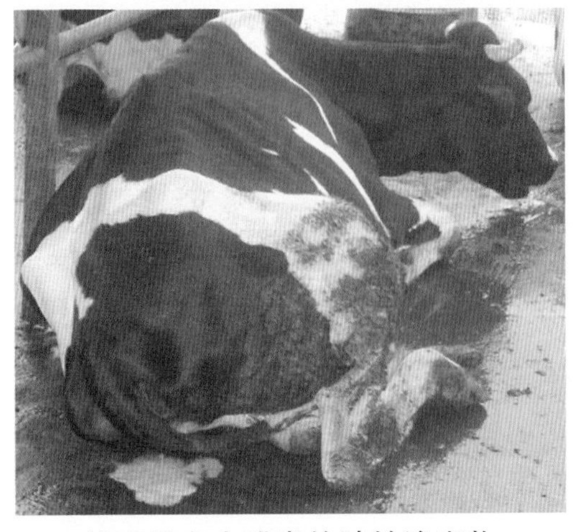

排出子宫内膜炎的脓性渗出物

排出冲洗液

用0.1%高锰酸钾液冲洗阴道

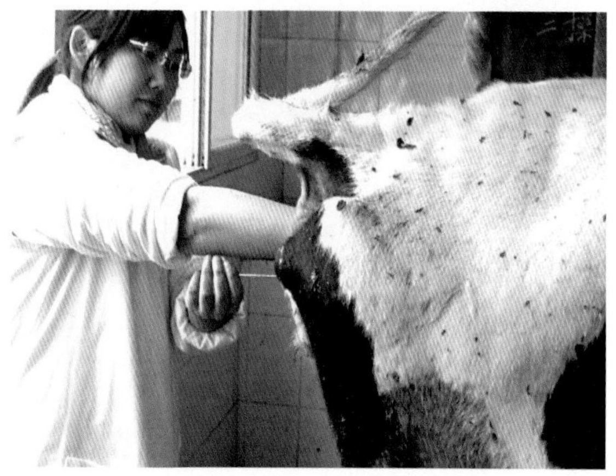

于第3天一次子宫内输入抗生素

四、新生犊牛疾病

窒　息

犊牛在产出时，呼吸发生障碍或无呼吸，但有心跳，称为新生犊牛窒息或假死。引起该病的原因主要是胎儿过早地呼吸而吸入羊水。救助时倒提犊牛后肢，轻轻甩动牛体，将呼吸道内的黏液排出。然后用草、酒精等刺激鼻腔黏膜，诱发呼吸反射。也可肌内注射25%的尼可刹米1.5毫克或肌内注射肾上腺素、樟脑磺酸钠等。

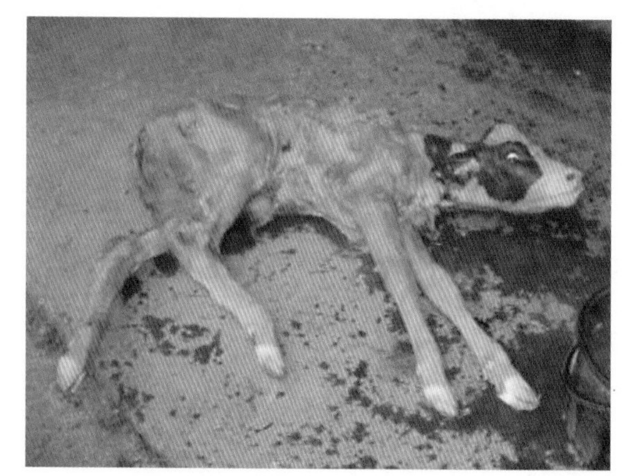

娩出窒息了的胎儿

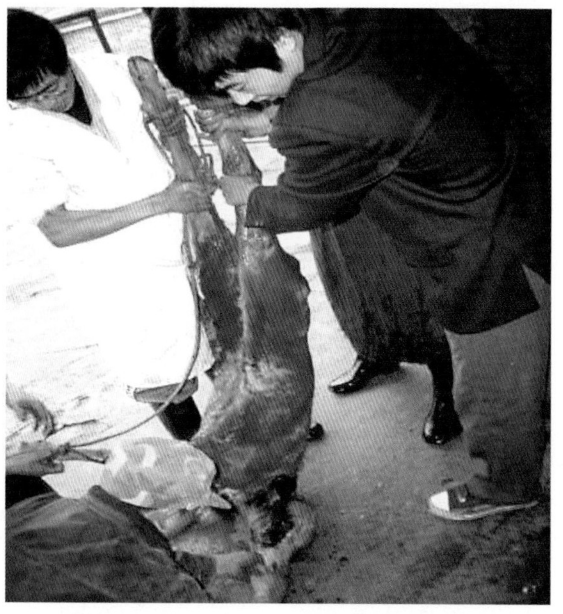

倒提后肢，使口、鼻腔内黏液排出

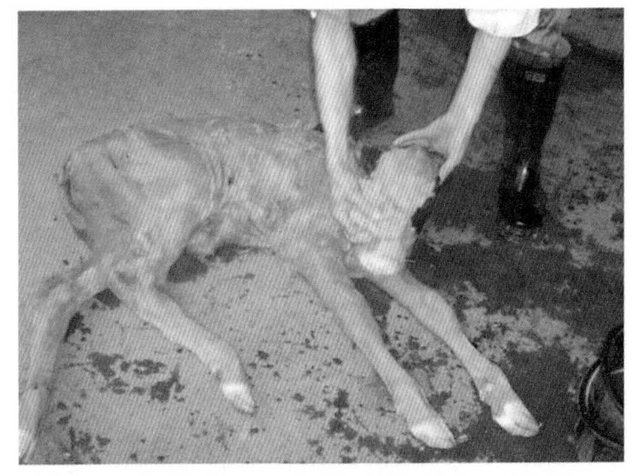

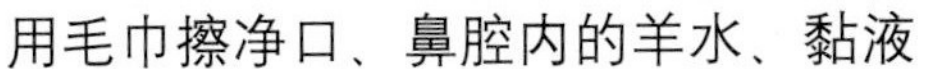
用毛巾擦净口、鼻腔内的羊水、黏液

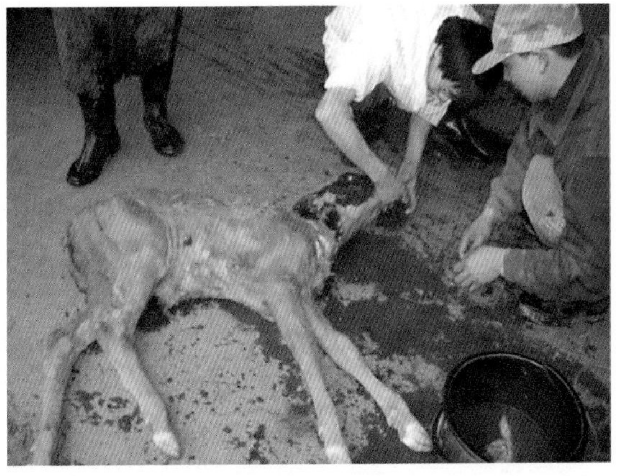

用草或酒精等刺激鼻腔黏膜，诱发呼吸反射

脐 带 炎

脐带炎是犊牛脐带断端及周围发生的一种炎症。表现为脐带断端或周围湿润、肿胀、疼痛，脐部肿大、根部皮下有一索状物，或流出带臭味的脓汁。重症时，肿胀常波及腹部。发病初期治疗可在脐孔周围皮下分点注射青霉素普鲁卡因溶液，每天一次，连用3天，炎症表面涂5%碘酒消毒，每天2次。如已形成脓肿，可切开排脓，按化脓创处理。

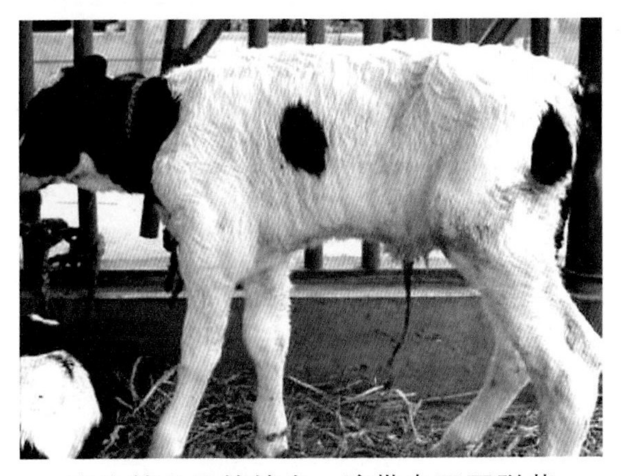

出生第3天的犊牛，脐带未干固脱落

患畜脐部肿大，精神沉郁

五、乳房疾病

急 性 乳 房 炎

乳房肿胀、皮肤温度升高，有疼痛感，乳汁有絮状物。可用抗生素加生理盐水灌注（灌注方法参照治疗技术部分）。

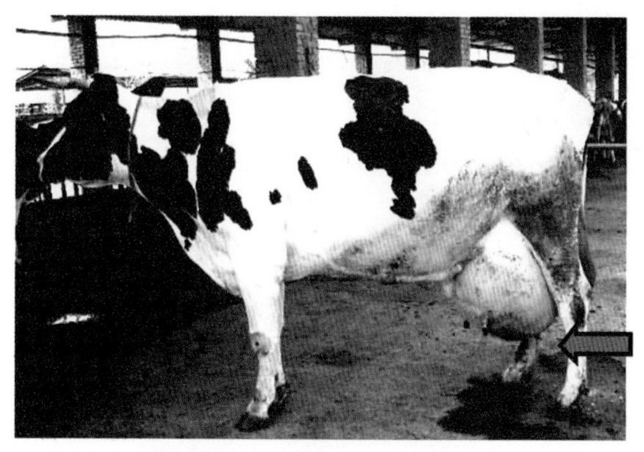

左后乳区炎症，出现红肿

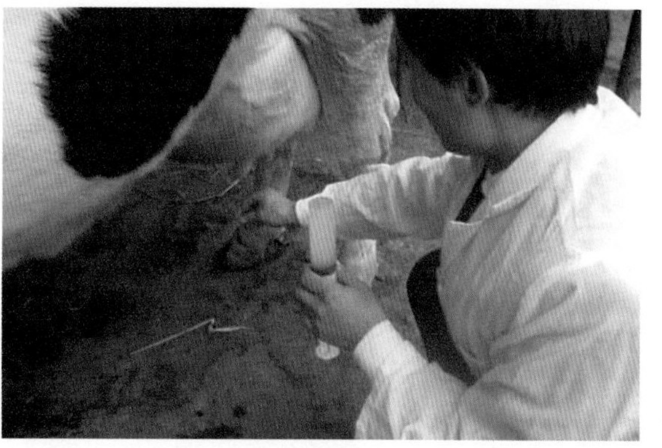

在乳房内灌注抗生素

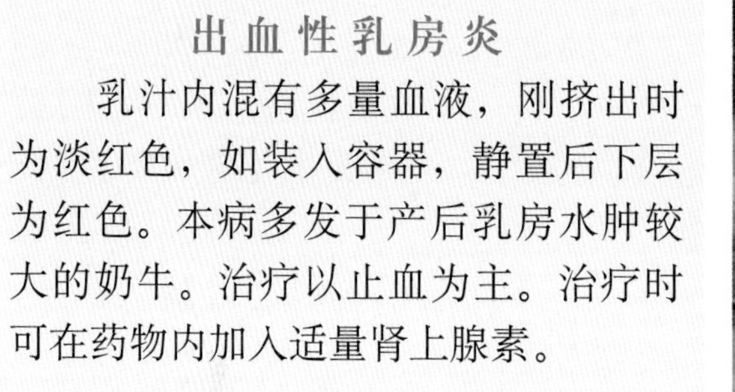

出血性乳房炎

乳汁内混有多量血液，刚挤出时为淡红色，如装入容器，静置后下层为红色。本病多发于产后乳房水肿较大的奶牛。治疗以止血为主。治疗时可在药物内加入适量肾上腺素。

第四节　营养代谢疾病

一、瘤胃酸中毒

瘤胃酸中毒常称为过食精料，其临床特征为瘤胃积食或积液，腹部显著膨胀，加剧脱水；粪便稀软或水样，混一定黏液，带酸臭味。

治疗时首先排出瘤胃内容物，及时纠正酸中毒和脱水，尽快恢复胃肠机能，防继发感染。可每日一次静脉输入5%碳酸氢钠注射液750 ~ 1 500毫升，投服健康牛瘤胃液5 ~ 8升，同时静脉输入10%葡萄糖酸钙200毫升，50%葡萄糖500毫升或10%葡萄糖1 000毫升。

二、酮病

酮病是由于饲养管理不当，日粮中糖和生糖物质不足，造成奶牛体内碳水化合物及挥发性脂肪酸代谢紊乱所引起的一种全身性功能失调的代谢性疾病，多发生于产奶高峰期以前、分娩后4 ~ 6周。

● **临床特征** 血液、尿、乳中的酮体含量增高，血糖浓度下降，消化机能紊乱，食欲废绝，便秘或粪便上覆有黏液，体重减轻，产奶量下降，偶有神经症状。严重者在排出的乳、尿液和呼出的气体中有酮体气味。

● **治疗** 缓慢静脉注射50%葡萄糖溶液500 ~ 800毫升，每天一次，连用3天，对大多数母牛有明显效果。静注葡萄糖溶液的同时，可一次肌内注射地塞米松30毫克，以提高疗效，但往往伴发一时性的泌乳量下降。

三、犊牛腹泻（犊牛消化不良）

畜舍潮湿，卫生不良、食入患乳房炎乳汁，舔食污物，人工哺乳不定时、不定量，乳温过高或过低，均可引起犊牛消化机能障碍和不同程度的腹泻。

● **临床特征** 患牛出现黄色或暗绿色的粥样稀粪，酸臭气味，混有小气泡及未消化的凝乳块或饲料碎片，肠音高朗，有轻度臌气和腹痛现象，脱水明显，眼窝凹陷，对刺激反应减弱。

● **治疗** 为缓解胃肠道的刺激作用，可禁乳8 ~ 10小时，内服乳酶生、调痢生或乳酸菌素片。为防止肠道感染，可肌内注射链霉素或庆大霉素等。防止

畜体脱水，可静脉或腹腔注射10%葡萄糖注射液或5%葡萄糖生理盐水注射液。

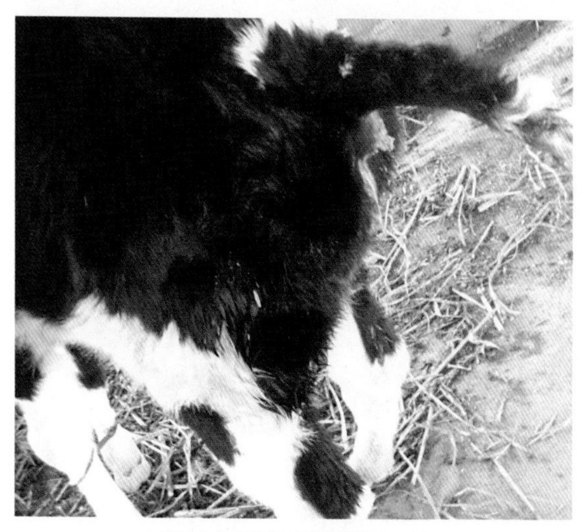

尾和会阴部被稀粪污染

酸臭气味，粥样稀粪，患牛排出深黄色粪便

第五节　奶牛重要的传染病

一、结核病

结核病是一种人兽共患的慢性传染病，其特点是在多种组织器官形成结核结节，结节中心干酪样坏死或钙化。病初症状不明显，病久症状显露。由于患病器官不同，症状不一。

● 主要症状

肺结核以长期顽固干咳为主要症状，切面示干酪样坏死

乳房结核在乳区发生局限性或弥散性硬结，无热无痛

淋巴结核常见颌、咽、颈和腹股沟等部位，淋巴结肿大、突出于体表，无热无痛

肠结核以持续性下痢或与便秘交替出现为特征

● **主要传染源** 包括患牛的痰液、粪尿、乳汁和生殖道分泌物等。

患牛的痰液

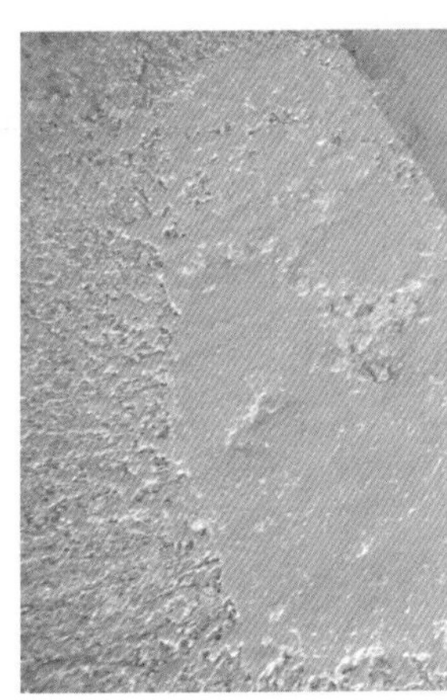

患牛的粪尿

患牛的生殖道分泌物

● **主要传播途径** 主要是通过呼吸道和消化道传染，有时可通过胎盘或生殖道传染。

● **防治方法** 以预防为主。加强检疫，每年定期进行2 ~ 4次预防性消毒，病畜一般不作治疗，应扑杀淘汰，净化牛群。

二、奶牛布鲁氏菌病

布鲁氏菌病，简称布病，又称传染性流产，是由布鲁氏菌引起人兽共患的一种慢性传染病。其潜伏期一般为14 ~ 21天。当奶牛感染此病后，主要症状以病原菌侵害生殖系统为特征。

● 主要症状

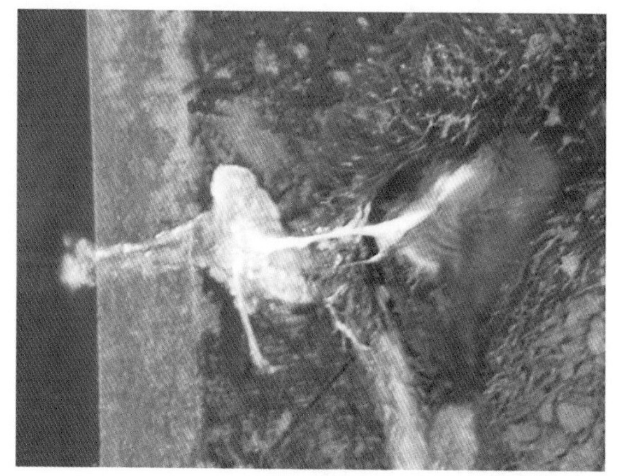

子 宫 炎

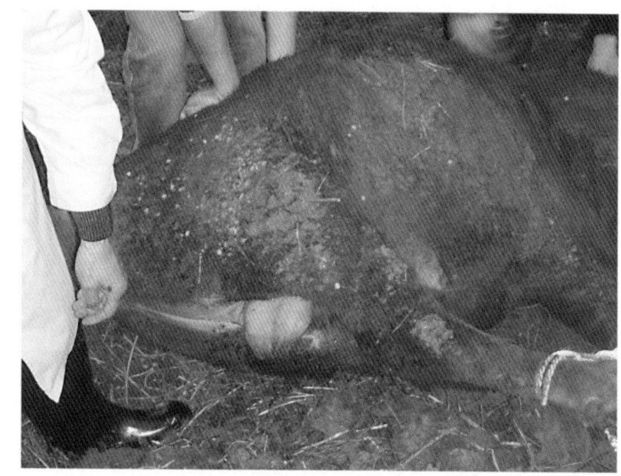

睾 丸 炎

淋巴结炎症

怀孕母牛发生流产以及不孕症

腹 膜 炎

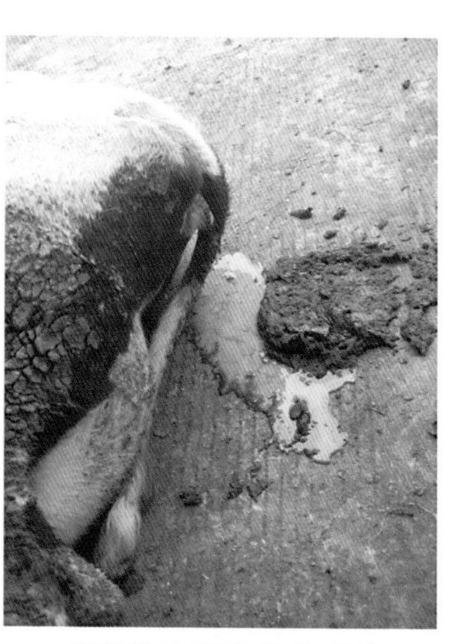

阴道流出恶臭的分泌物

● **主要传染源** 包括病牛、病牛皮毛、病牛乳汁、病牛尿液、病牛流产的胎儿、病牛胎衣、羊水等。

病 牛

病牛尿液

病牛流产的胎儿

病牛胎衣、羊水

● **主要传播途径** 包括不规范的助产、挤奶、屠宰操作。

● **防治方法** 以预防为主。可以采用抗生素结合维生素的方法来治疗，但为了防止病原传播，将患病奶牛全部扑杀，并进行焚烧、深埋。

三、奶牛口蹄疫

口蹄疫是由口蹄疫病毒引起的偶蹄类动物共患的急性、热性、接触性传染病，其临床特征是口腔黏膜、乳房和蹄部出现水疱。口蹄疫病毒侵入动物体内后，一般经过2 ～ 3天，有的则可达7 ～ 21天的潜伏时间才出现症状。

● **主要症状**　口腔、鼻、舌、乳房和蹄等部位出现水疱。水疱破溃，局部露出鲜红色糜烂面。

体温升高达40～41℃，精神沉郁，食欲减退

流涎呈泡沫状

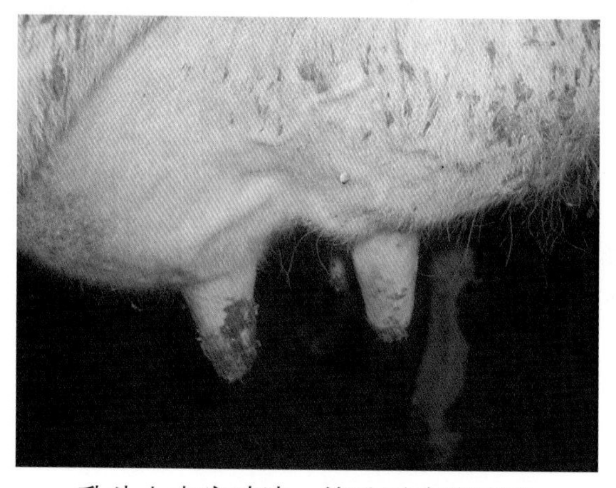

乳头上水疱破溃，挤乳时疼痛不安

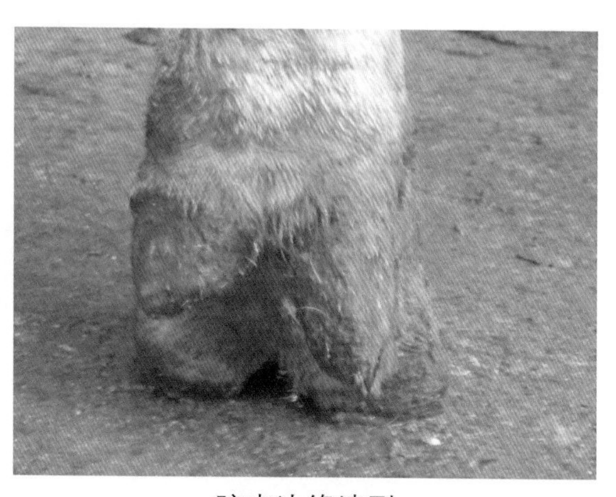

蹄壳边缘溃裂

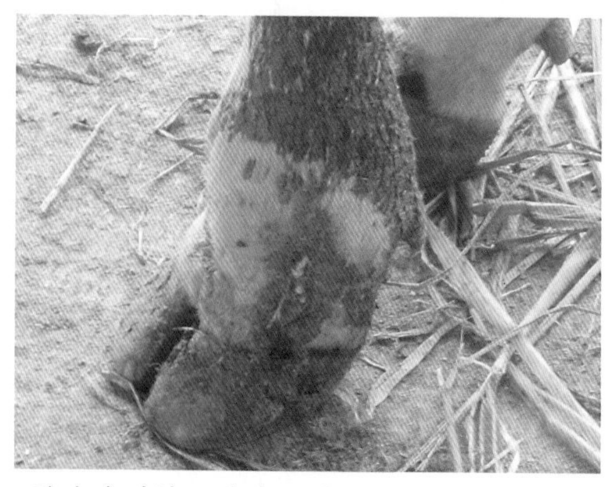

蹄水疱破溃，蹄痛，跛行，重者蹄壳脱落

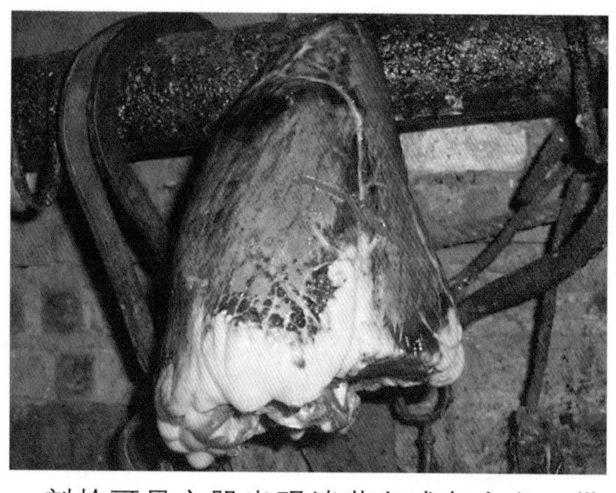

剖检可见心肌出现淡黄色或灰白色、带状或点状条纹，似如虎皮，故称“虎斑心”

● 传播途径

被污染的圈舍、场地、草地、水源等为重要的疫源地

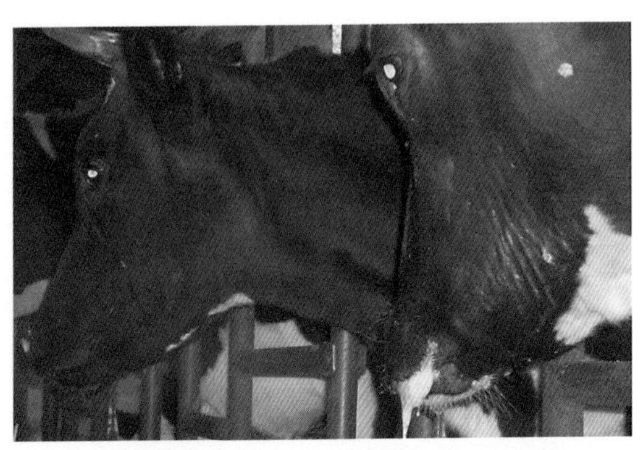
病毒可通过饮水、接触和空气传播

鸟类、鼠类、猫、犬和昆虫均可传播此病

各种污染物品如工作服、鞋、饲喂工具、运输车、饲草、饲料、泔水等可传播此病

● **防治方法** 以预防为主。严格执行卫生防疫制度，定期接种口蹄疫疫苗。疑似发生本病时，应立即向当地兽医主管部门报告，在兽医主管部门指导下，采取封锁、隔离、消毒、扑杀等综合措施，力争“早、快、严、小”地控制疫情，同时对健康动物进行紧急接种。

第六节 其他疾病

一、真胃移位

真胃从正常的解剖位置通过腹底移到腹左侧称真胃左方移位，从正常的解剖位置移到瓣胃（千层肚）的后上方称真胃右方移位。真胃移位的临床特征为

厌食，食欲废绝，腹痛，脱水明显，衰竭，贫血，消瘦，排黑色沥青样、有黏腻感粪便。根治本病的方法是手术疗法，其主要的操作方法如下。

手术前术部剃毛消毒和准备器械

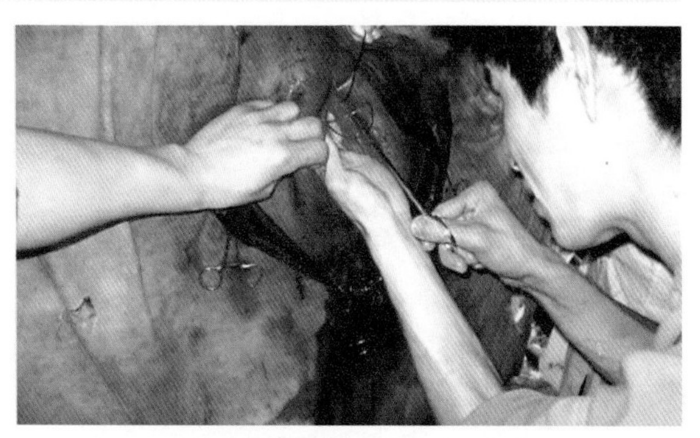

切开腹壁肌肉，注意止血

放出真胃气体，以利复位

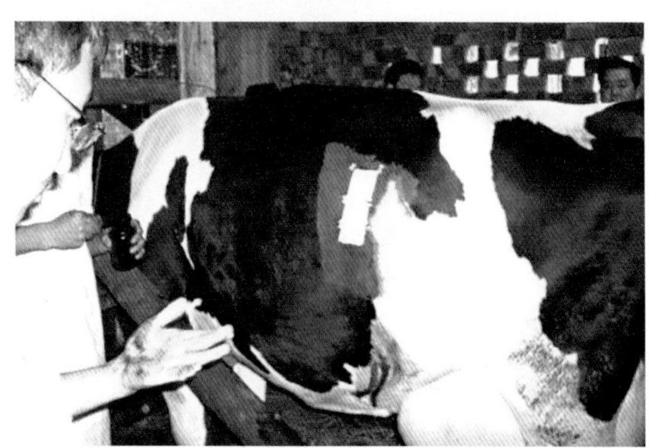

关闭腹腔，消毒创口，盖上纱布条

二、瘤胃臌气

由于吃了过多的青草、豆科牧草、变质精饲料或食道梗塞等引起本病的发生，患牛左肷部臌胀，不安，踢腹，呼吸困难。如果不及时治疗，常窒息而死亡。

患牛左肷部臌胀，呼吸困难

急性臌气时，为防止臌气导致死亡，可用套管针瘤胃穿刺放气

治疗：用松节油50毫升，鱼石脂15克，酒精50毫升，加水适量1次灌服。为防止臌气引起死亡，可用套管针瘤胃穿刺放气。另外，为了防止反复臌气，可促使舌头不断地运动而利于嗳气，方法是用一根长30～40厘米的光滑圆木棒，上面涂鱼石脂放在口中，然后将两端用细绳系在牛角根后固定。

三、肠炎

肠炎是肠黏膜表层和深层组织的重、急性炎症。病牛精神沉郁，食欲减退或废绝，反刍减少或停止，腹泻，粪便中含大量的炎性产物，奶牛易于出现脱水等体征症状。

粪稀如水，呈喷射状排出

粪便中混有大量黏液

治疗：可用磺胺脒0.5克×70片，小苏打0.5克×70片，一次口服，2次/天，连用3天；肌内或腹腔注射庆大霉素等抗菌药物；严重时，静脉注射。

四、结膜角膜炎

眼睛突然出现羞明、流泪、结膜潮红、肿胀。病程稍久，整个眼睛显著肿

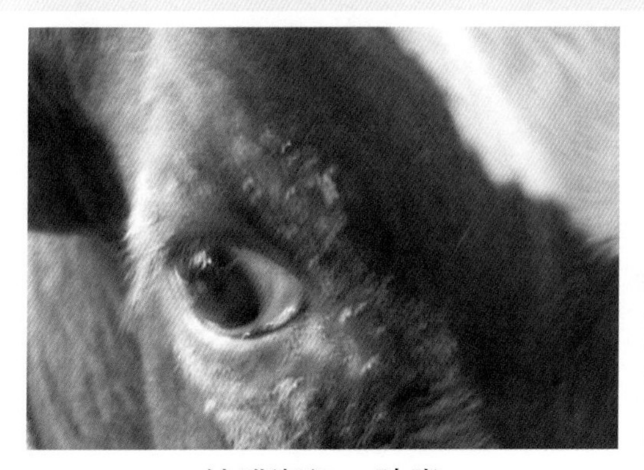

结膜潮红、肿胀

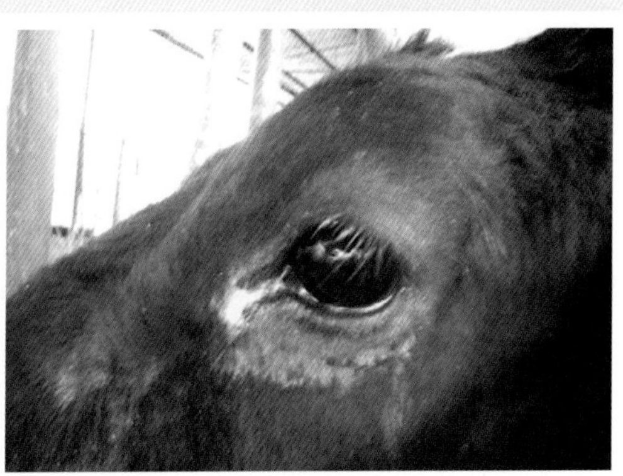

眼内流出大量黏稠、脓性分泌物

胀，剧烈疼痛，眼内流出大量黏稠的脓性分泌物，奶牛烦躁不安，视力消退。

治疗：可用生理盐水反复冲洗患眼，除去异物和脓性分泌物，再将抗生素眼药水或眼膏点于患眼的上、下眼结膜囊内。

五、支气管肺炎（小叶性肺炎）

支气管肺炎是由病原菌引起的细支气管和肺泡内浆液渗出及上皮细胞脱落的炎症。发病后患牛食欲减少、精神沉郁、结膜潮红或发绀、间歇热、咳嗽、流鼻液、呼吸加快或困难，肺部叩诊呈灶状浊音区，听诊有啰音。

听诊有啰音

治疗：可将20%磺胺嘧啶钠450毫升混入生理盐水1 000毫升内，一次静脉输入，同时静脉注射10%葡萄糖1 000毫升、10%葡萄糖酸钙液300毫升，每日2次。

六、人工诱导泌乳

给既不能产奶又难以怀孕的奶牛用激素处理诱导其泌乳，称为人工诱导泌乳，该法可减少奶牛淘汰和经济损失。

● **药物及方法**　药物注射剂量：雌激素每千克体重0.1毫克/次，孕激素每千克体重0.1 ～ 0.2毫克/次。

处理程序：见下表。

人工诱导泌乳处理程序

药 品	日 期									
	1日	2日	3日	4日	5日	6日	7日	8日	9日	10日
雌激素	√	√	√	√	√	√	√			
孕激素	√	√	√	√	√	√	√			

"√"表示注射药物。每日注射药品、时间相同，均为一次注射。

体重计算方法：体重(千克)=[胸围（厘米）]^2 × 体斜长（厘米）/10800。

● **饲养管理** 处理期间，从第1日开始每日用温水擦洗、按摩乳房2 ～ 3次，每次15 ～ 20分钟，并开始挤奶。每日逐渐增加精饲料。

● **注意事项** 停药后15日内的奶不能使用。

七、牛螨病

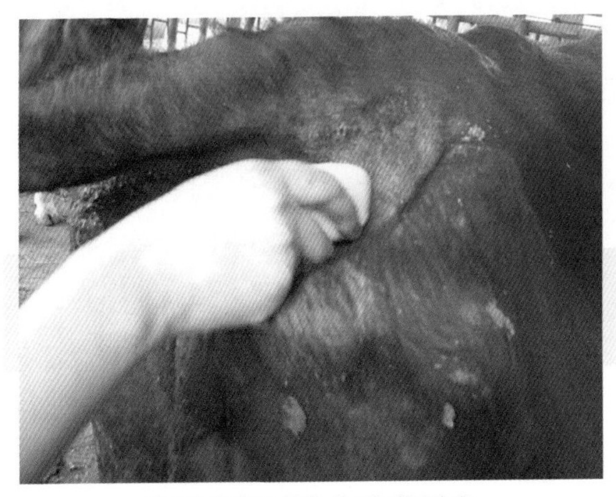

梳刮患部后涂上硫黄香皂

螨虫主要寄生于奶牛尾根两侧小窝中，其次是头、颈部及全身。患牛皮肤出现灰白色至铅灰色落屑、脱毛，逐渐变成皮革样，剧痒。皮肤鳞屑、渗出液和毛粘结在一起形成痂垢或皮肤干燥龟裂。病牛烦躁不安，食欲减退。

治疗本病的药物较多，实施时应选用毒性小的药物而且应确保乳品卫生。临床首选药有：①硫黄香皂。使用时彻底梳刮患部后涂上硫黄香皂即可，5 ～ 7天一次，连用2 ～ 3次。②伊维菌素。每千克体重一次皮下注射0.2毫克，隔日重复1次。不宜用本药治疗产奶期或产奶前28日内的母牛。

八、蹄变形

蹄变形是蹄角质异常生长而导致蹄外形发生异常改变，可引起跛行、食欲减退、体温升高、喜卧不起等全身症状。

变形蹄

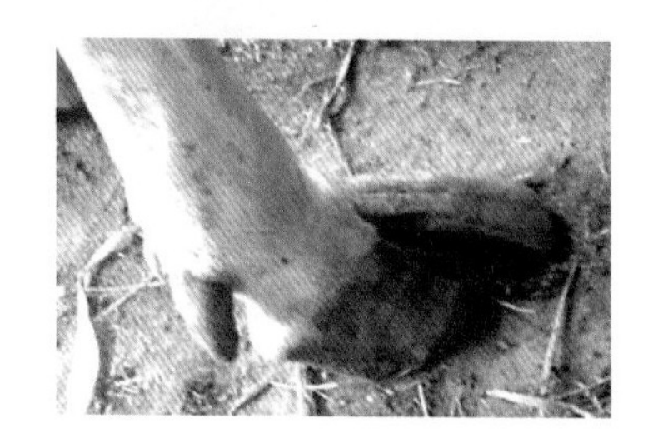

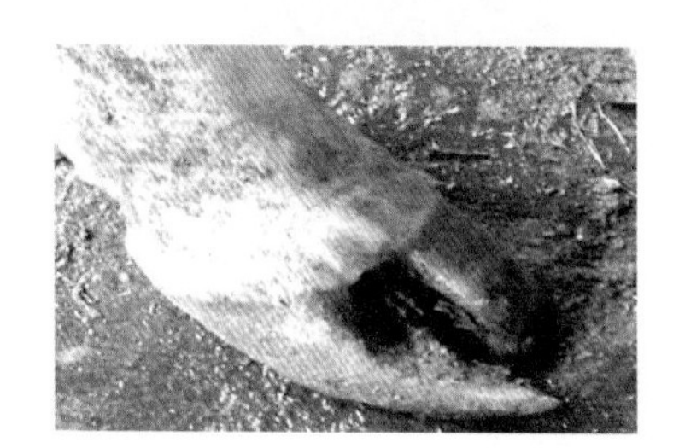

治疗：奶牛至少每半年修蹄1次，有条件者可3个月修1次。主要是除去蹄侧壁、蹄底、蹄负缘过度生长的松软的角质。

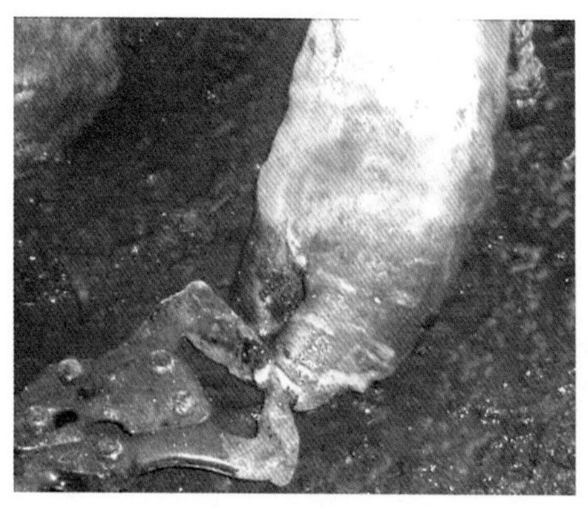

剪掉过长部分

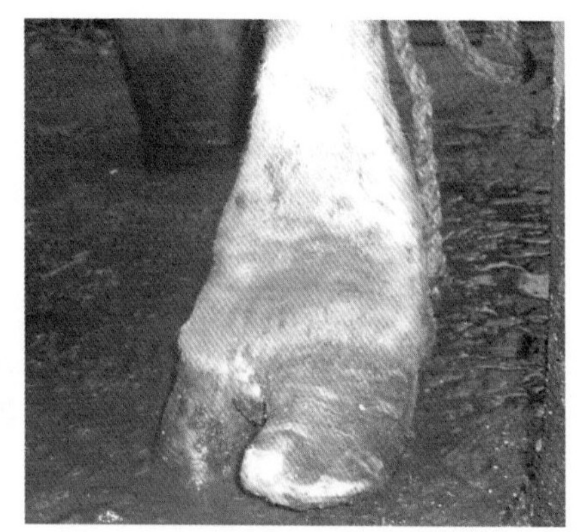

锤圆已修部分

九、腐蹄病

指（趾）间皮肤红、肿、敏感，甚至破溃、化脓、坏死，蹄冠呈红色或暗紫色，肿胀、疼痛。

蹄底溃烂

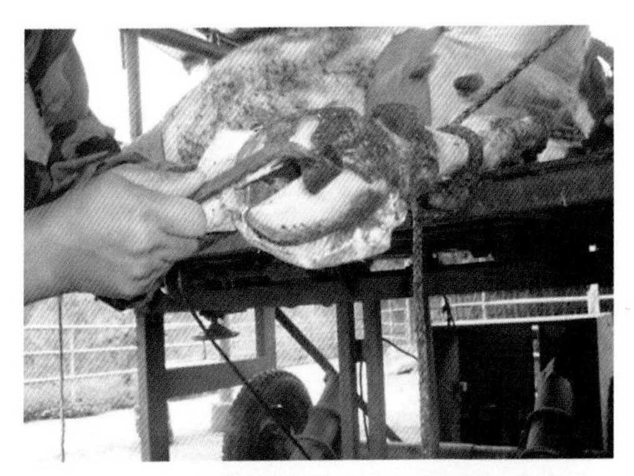

用修蹄刀削掉溃烂部分

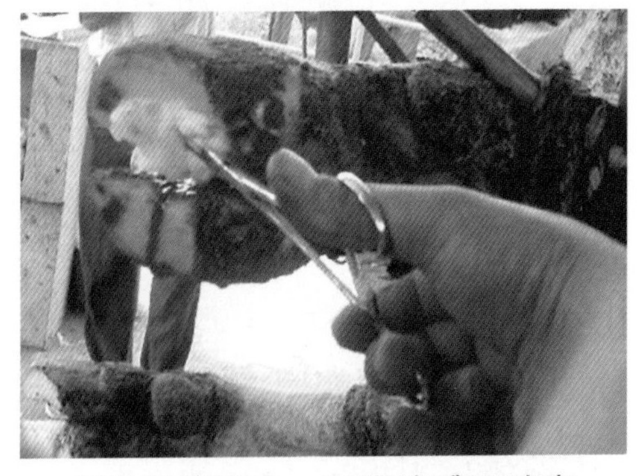

如有轻度出血，可用浓碘酒消毒

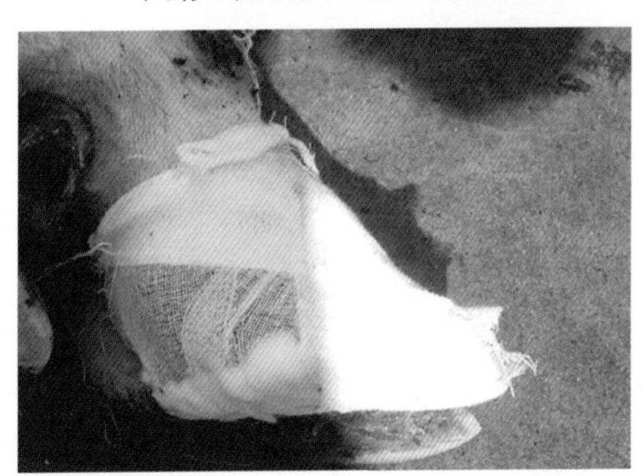

将高锰酸钾粉置于患部，并装上蹄绷带

治疗时主要采取削蹄、修蹄，防腐液浸泡、清洗，化脓创内撒布硫酸铜粉、高锰酸钾粉或用松馏油棉球填塞、装蹄绷带等方法，同时将病牛置于干燥圈舍内饲喂。

十、蹄糜烂

蹄糜烂时蹄角质变软，蹄底可见一个或数个黑色小潜洞，洞内充满灰色、污黑色液体，恶臭，周围和表面的角质疏松。治疗同腐蹄病。

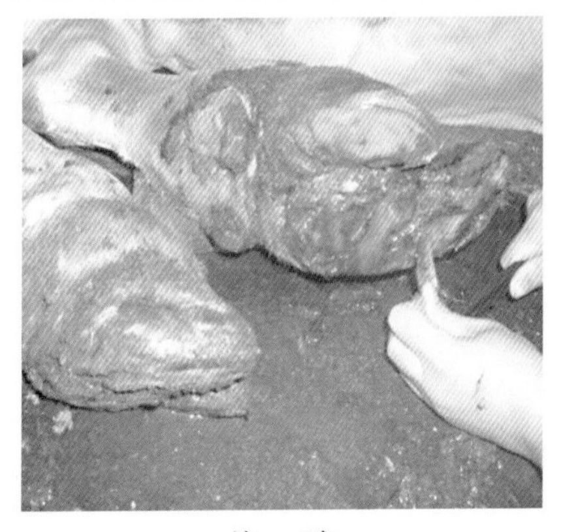

修　蹄

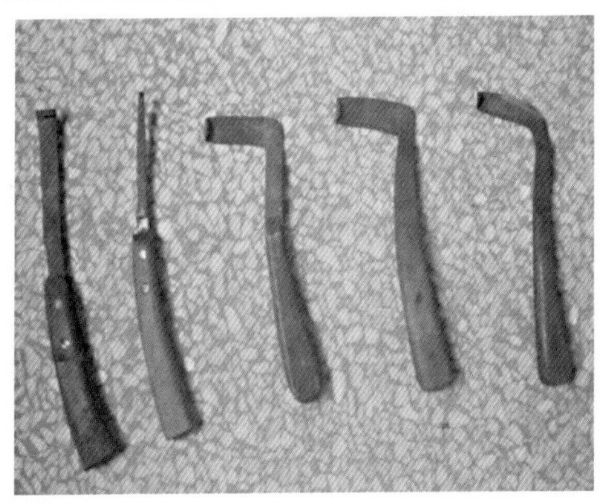

修蹄刀等

十一、蹄叶炎

蹄真皮弥漫性地渗出非脓性分泌物。蹄角质软弱、疼痛和程度不同的跛行。常侵害前肢的内侧指和后肢的外侧趾。蹄冠肿胀疼痛，肌肉震颤，不愿行走，拱背站立，腹部紧缩，喜卧，四肢伸直呈侧卧姿势。

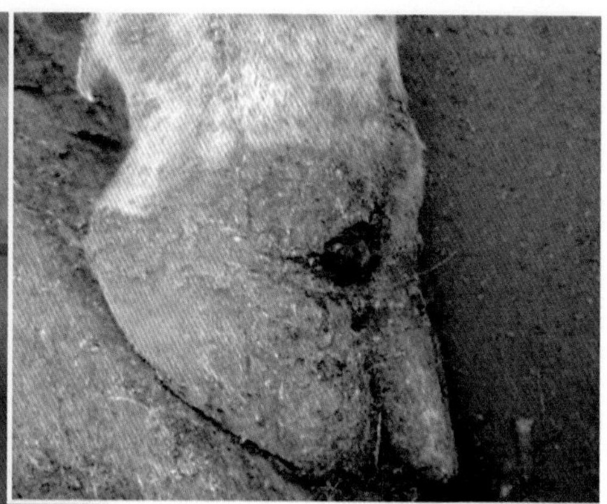

病牛跛行

治疗：主要采取蹄部冷水或冰水冷浴，使用抗组织胺药物，或用0.25%～0.5%普鲁卡因进行掌、跖神经封闭。加强护理，保护蹄角质，合理修蹄，垫上厚草。

十二、关节炎

关节炎是指关节滑膜层的急性或慢性炎症。症状是关节肿大、增温、疼痛，肢呈屈曲状态。

治疗：在肿胀上方分点注射0.25%～0.5%普鲁卡因青霉素，也可包扎压迫绷带。如有化脓首先对关节腔穿刺或切开排脓、冲洗，可用3%双氧水或生理盐水等反复冲洗，然后向关节腔内注射抗生素等药物。

关节肿大

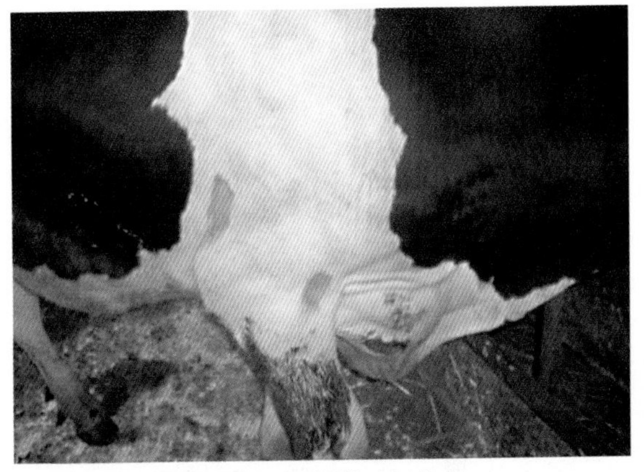
确定注射部位并消毒

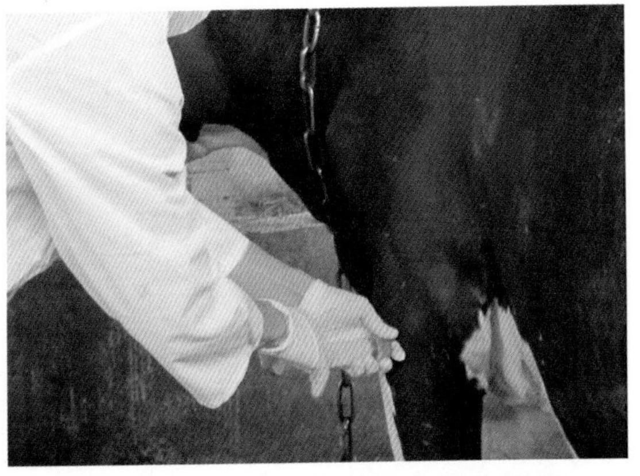
注入0.25%～0.5%普鲁卡因青霉素

十三、桡神经麻痹

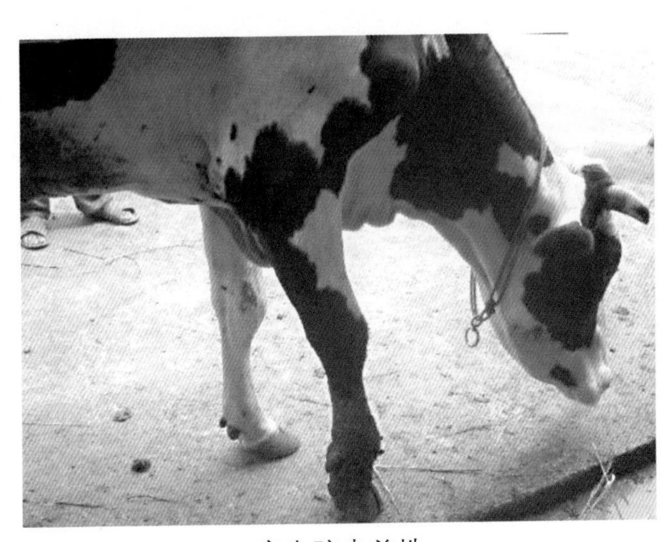
病牛蹄尖着地

主要是由于外伤或在硬地上长时间侧卧、保定引起。临床表现为肩关节伸展，肘关节下沉，腕关节屈曲，蹄尖着地，人为固定腕关节时，肢体可负重，但起步时恢复原状，行走困难且患肢膝关节跪地。

治疗：可用神经兴奋药，病初可在麻痹部皮上方注射硝酸士的宁等，每日1次，7日为一疗程。

十四、髋关节脱臼

股骨头从髋臼窝部分或全部移出称髋关节脱臼，病因主要是牛运动不足，某肢负重较差，牛床坡度较大，运动场较滑。患牛不能站立，一肢脱臼时，患肢可向前、外或后伸直，两肢脱臼时，两后肢常伸直于腹部两侧或几乎平行伸向两侧。诊断时将牛侧卧，手抬患肢可见髋关节下方有一凹陷，听诊髋关节处时摇动患肢出现喳喳声。一旦患病不易治疗。

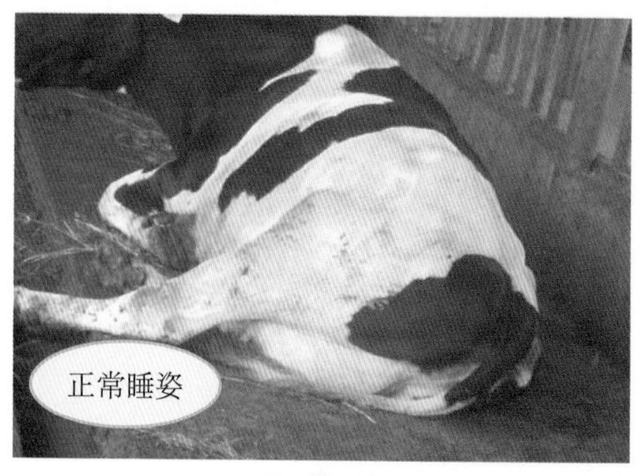

正 常 肢

异 常 肢

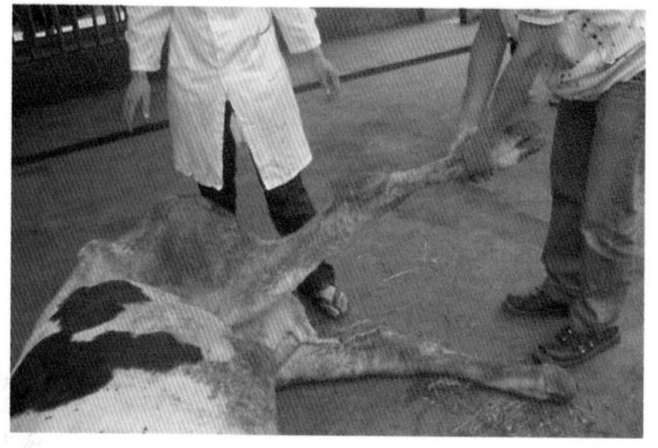

将牛侧卧，手抬患肢可见髋关节下方有一凹陷

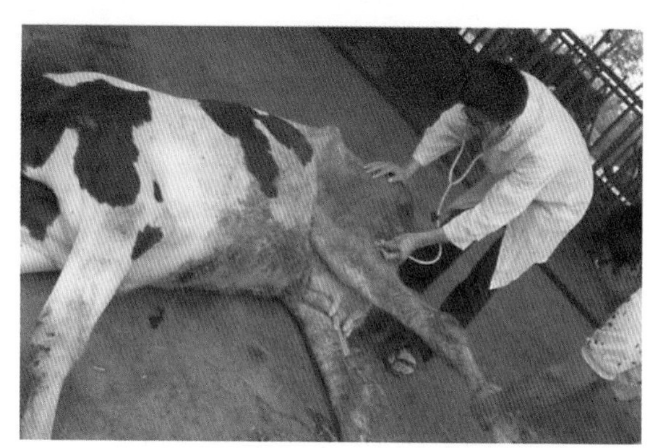

听诊并摇动患肢时出现喳喳声

十五、运输应激

运输应激会导致奶牛食欲及消化功能减弱，体重减轻、抗病力下降、内脏器官病变，甚至死亡。运输之前，运输前2天对牛补充口服或肌内注射维生素A，或进行药物（如林可霉素、氟苯尼考等）处理可以降低发病率。运输过程中，加强看护，防止憋、压、挤造成的伤害，密度不能过大。夏季注意遮阳防暑，冬季注意遮风防寒。到达目的地后，不要盲目地急于给料和饮水，应让牛休息2小时以上，待牛安静下来后，再少量给牛添加优质、柔软的干草和清洁的温水，亦可在饮水中添加一些去火、抗病毒的中草药或添加人工补液盐。新引进牛重点是解除运输应激，使其尽快适应新的环境。

7 第七章 乳品加工

第一节 乳品加工厂

一、厂址选择与设计

乳品企业厂房选址和设计、内部建筑结构、辅助生产设施应当符合国家标准GB12693《乳制品良好生产规范》的相关规定。

厂址不宜选在受污染河流的下游，避免高压线、国防专用线穿越厂区，避免在古坟、文物、风景区附近建厂，力求靠近原料产区，以减少原料运输费用。选择交通方便、供电条件好、水源充足、水质良好的地方建厂。

二、生产车间和辅助设施

收乳车间

生产车间一般包括收乳车间、原料预处理车间、加工车间、灌装车间、半成品贮存及成品包装车间等。

加工车间

成品包装车间

采用干法工艺生产调制乳粉的生产车间一般包括前处理车间、混合车间、灌装车间等。辅助设施包括检验室、原辅料仓库、材料仓库、成品仓库等。

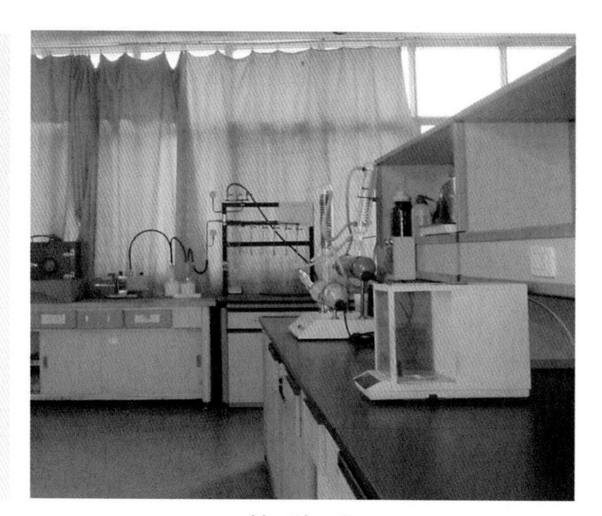

检 验 室

贮存巴氏杀菌乳、调制乳、发酵乳等成品的库房应必备冷库及相应的制冷设备，以满足产品的贮存要求。

冻　库

制冷设备

生产车间和辅助设施按生产流程需要及卫生要求，有序而合理布局。同时，应根据生产流程、生产操作需要和生产操作区域清洁度的要求进行隔离，防止相互污染。

车间内应区分清洁作业区、准清洁作业区和一般作业区。一般作业区包括收乳间、原料仓库、包装材料仓库、外包装车间及成品仓库等。

第二节　原料奶品质监控

最新国标GB 19301—2010《生乳》规定，生乳（过去称原料乳）是从健康奶畜乳房中挤出的无任何成分改变的常乳。产犊后7天内的初乳、能用抗生素期间和休药期间的乳汁、变质乳等掺杂使假乳不能用作生乳。

规模化牧场生乳（GB 19301—2010）

项　目	指　标	项　目	指　标
脂肪	≥3.10%	杂质度	≤4×10^{-6}
蛋白质	≥2.80%	细菌数	≤200（万个/毫升）
非脂乳固体	≥8.10%	抗生素	无
密度（20℃ /4℃）	≥1.028	农药残留量	符合GB2763—2005
酸度	12 ~ 18度	兽药残留量	限量
冰点a,b (℃)	－0.500 ~ －0.560	真菌毒素	符合GB2763—2005

生乳必须卫生干净，奶牛场、奶牛及挤奶机、储存生乳的冷却罐和运输罐等容器必须清洁干净，挤奶后立即将生乳放入冷却罐降温到2 ~ 4℃，用生奶运输车及时运到乳品加工厂。

生奶运输车到工厂后立即取样化验

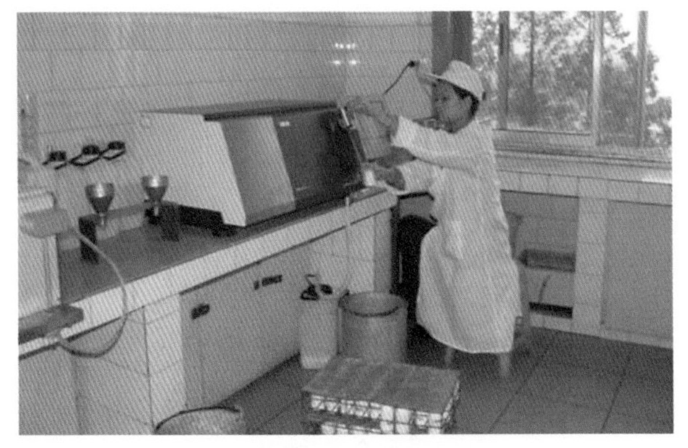

生乳指标检测

生乳质量检查项目一般包括感官检查（色泽、滋味、气味、组织状态）、酒精试验、相对密度测定、酸度检验及脂肪含量、蛋白质含量、干物质含量、细菌数、抗生素、杂质度等指标测定。

第三节　乳制品加工简介

乳制品一般分为液体奶类、奶粉类、炼乳类、乳脂肪类、干酪类、乳冰淇淋类及其他类。

一、液态奶类

液态奶是以生奶为原料，没有除去其中水分而制成的液体状奶制品。主要包括巴氏杀菌奶、超高温瞬间灭菌奶、酸奶等。

● **巴氏杀菌奶**　巴氏杀菌奶是指对生奶采取低温（一般72～85℃杀菌10～15秒）的巴氏杀菌法加工成的牛奶。巴氏杀菌瞬间杀死致病微生物，但保质期短，不宜在常温下贮存。

生产工艺：收生奶→生奶验收→净乳→冷藏→标准化→均质→巴氏杀菌→冷却→灌装→冷藏→检测→出库。

● **超高温瞬间灭菌奶**　超高温瞬间灭菌奶是指对生奶在超高温度（135～140℃）下保持数秒（一般3～4秒），达到灭菌效果的牛奶。超高温瞬间灭菌奶保质期长，可在常温下长期贮存。

生产工艺：收生奶→生奶验收→净乳→冷藏→标准化→预热→均质→超高温瞬时灭菌（或杀菌）→冷却→无菌灌装（或保持灭菌）→成品储存→检测→出库。

超高温灭菌

● **酸奶及乳酸饮料** 酸奶是以生奶或奶粉为原料，在一定条件下接种乳酸菌发酵而成的。生奶经过发酵后，原有的乳糖部分转变成乳酸，形成了特有的风味。酸奶分凝固型酸奶与搅拌型酸奶。

➢ **凝固型酸奶** 是指先罐装后发酵的酸奶，因发酵过程是在包装容器中进行的，使成品保留了凝乳的状态。

生产工艺：收生奶→生奶检测→净乳→巴氏杀菌→均质→冷却→储存→添加菌种→灌装→封口→入发酵库发酵→保温→冷却→检测→出库。

➢ **搅拌型酸奶** 指先发酵后灌装的酸奶，因凝乳在灌装前被破坏，使产品成为具有一定黏度的半流体状制品，可以在灌装前或灌装过程中添加果料、果酱。

生产工艺：收生奶→生奶检测→净乳→巴氏杀菌→均质→储存→添加菌种→发酵罐发酵→检测→灌装→入冷库→检测→出库。

➢ **乳酸饮料** 指以生奶或奶粉为原料经发酵，添加水和增稠剂等辅料，经加工制成的产品。

乳酸饮料分乳酸菌饮料和乳酸菌乳饮料，两个的区别仅在于蛋白质含量差异，乳酸菌饮料蛋白质≥0.70%，乳酸菌乳饮料蛋白质≥1.00%。

● **调制乳** 调制乳是以生奶或奶粉为主料，添加调味剂，经杀菌或灭菌制成的液态奶。一般调制乳中蛋白质含量在2.30%以上，市场上常见的品种有甜奶、可可奶、咖啡奶、果味奶、果汁奶等。

二、奶粉类

奶粉是以生奶为原料，除去其中水分而制成的粉末状奶制品。可添加一定数量的植物或动物蛋白质、脂肪、维生素、矿物质等配料。产品主要包括全脂奶粉、脱脂奶粉、调味奶粉、婴幼儿配方奶粉和其他配方奶粉。

生产工艺：收生奶→生奶检测→净乳→巴氏杀菌→均质→储存→浓缩→干燥→流化→冷却→检测→包装→出厂。

三、炼乳类

炼乳是将生奶经真空浓缩或其他方法除去大部分水分，浓缩至原体积25%～40%的奶制品。市场上常见的炼乳产品包括甜炼乳（加糖炼乳）和淡炼乳。

生产工艺：收生奶→生奶验收→净乳→冷藏→标准化→预热杀菌→真空浓缩→冷却结晶→装罐→成品储存→检测→出库。

四、乳脂肪类

乳脂肪类是以乳脂肪为原料浓缩而成的奶制品，主要包括稀奶油、黄油等。

生产工艺：收生奶→生奶验收→净乳→脂肪分离→稀奶油→杀菌→发酵→成熟→搅拌→排除酪乳→奶油粒→洗涤→压炼→包装。

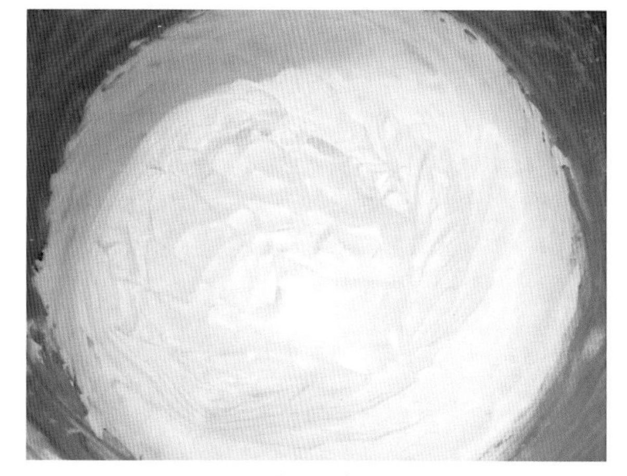
奶　油

五、干酪类

干酪是在生奶加工过程中加入凝乳酶，使奶中的蛋白质凝固，经过发酵、压榨等过程所制的奶制品，也叫奶酪、奶干、奶饼、奶豆腐。干酪是一种营养价值极高的奶制品，市场上的干酪主要以片状为主，一般10千克生奶生产出1千克天然干酪。

生产工艺：收生奶→生奶验收→净乳→巴氏杀菌→均质→储存→加发酵剂→加凝乳酶→切割→加压→成型→加盐→成熟干燥。

六、冰淇淋类及其他产品

● **冰淇淋**　是以牛奶为主要原料，添加脂肪、砂糖、香料及品质改良剂等经冻结而成，具有较高膨胀率的冷冻奶制品。冰淇淋的主要种类是普通冰淇淋、果汁冰淇淋和蛋黄冰淇淋等。

生产工艺：收生奶→生奶验收→净乳→均质→杀菌→冷却→成熟→冷冻→包装。

● **其他奶制品**　包括干酪素、乳糖、乳清粉、奶片等。

冰 淇 淋

干 酪 素

第八章 奶牛场管理

奶牛场经营管理的总体原则是：充分利用一切可利用的资源和条件，以科技为动力，以优质树品牌，以管理求效益，以创新求发展，并最终以最少的投入获取最大的经济效益、社会效益和生态效益。

第一节 奶牛场生产管理

一、生产计划

奶牛场生产计划主要包括：牛群周转计划、配种产犊计划、产奶计划和饲料计划等。

● **牛群周转计划** 牛群周转计划是奶牛场生产的主要计划之一，是指导全年生产，编制饲料计划、产品计划的重要依据。制定牛群周转计划时，首先应规定发展头数，然后安排各类牛的比例。

牛群周转计划表

群 别	上年结转	增 加			减 少			年终存栏	年平均头数
		出生	购入	其他	淘汰	出售	其他		
成年母牛									
青年母牛									
育成母牛									
母牛犊									
公牛犊									
合计									

● **配种产犊计划** 制定本计划可以明确年度各月份参加配种的成年母牛，头胎牛和育成牛的头数及各月分布，以便做到计划配种和生产。

个体母牛配种产犊计划表

牛　号	配准日期（　年　月　日）	预产期（　年　月　日）

预产期的简单推算：配种月份减3，配种日数加6。如果配种月份不够减(如1、2月)，就加一年(12个月)再减。如果预产日期超过30天，应减去30，减后余数为预产日，预产月份再加一个月。

● **产奶计划**　奶牛场每年都要根据市场需求和本场情况，制定每头牛和全群牛的产奶计划。

奶牛场年度产奶计划表

牛号	1月	2月	3月	4月	5月	6月	7月	8月	9月	10月	11月	12月	合计
合计													

● **饲料供应计划**　编制饲料计划，先要有牛群周转计划（标定每个时期各类牛的饲养头数）、各类牛群饲料定额等资料。全年饲料的需要量，可以根据饲养的奶牛头数予以估计。

饲料供应计划表（吨）

类　别	平均饲养头数	精饲料	青贮料	干草	青绿饲料	矿物质（千克）	牛奶
母牛犊							
育成母牛							
青年母牛							
成年母牛							
合计							
供应量							

注：供应量=需要量+损耗量，精料与矿物质的损耗量为需要量的5%，其他为10%。

二、指标管理

● **牛群规模指标** 适合中国的奶牛场规模是：超大型3 000以上，大型1 500 ~ 3 000头，中型500 ~ 1 500头，小型500头以下。

● **配种怀孕指标** 育成牛15月龄左右、体重350 ~ 380千克开始配种；经产牛产后60 ~ 90天内必须配种。产犊间隔12 ~ 14个月，第一情期受胎率>50%，初配牛受胎率>75%，全年受胎率>85%。

● **疾病与死亡率指标** 预防乳房炎、子宫炎、蹄病、代谢病等，犊牛死亡率低于5%，成年母牛死亡率低于2%。

● **奶料价格比指标** 奶料价格比是指奶价与精饲料价格的比值，1.5以上较好，最好2.0。

● **淘汰奶牛指标** 年淘汰率15% ~ 30%，及时淘汰低产牛、发育不良等无饲养价值的奶牛。

● **原料奶质量指标** 乳脂肪>3.10%，乳蛋白质>2.8%，干物质>12%，体细胞数<40万个/毫升，细菌数<200万个/毫升；抗生素零残留；违禁添加物不得检出。

三、奶牛场信息化管理

奶牛场资料记录系统的原则是及时、准确、完整。电子资料记录系统既方便管理，又方便追溯，可以随时随地查奶牛一生的履历及生产、生活情况，并以此为根据确定乳产品的安全性，作为市场准入和出口的重要依据。

● **耳标** 耳标要反映奶牛的身份识别号码，保证每头奶牛与其电子护照信息内容的一一对应。奶牛耳标编号：省、自治区代码+地区代码+牛场代码+牛只出生年度代码+牛只代码。

● **电子档案** 电子档案要记录的内容：每月的生长性能测定信息，每日采食记录，每月体形评定与体况评分信息，繁殖登记，转舍登记，生产性能测定记录，兽医保健登记，离场记录，奶牛谱系记录。

● **管理软件** 奶牛场管理软件的应用是奶牛场现代化管理的体现，包括各种生产、技术信息，还有采购、销售、库存、损益等管理项目信息。

● **奶牛生产中的各项预警** 可根据电子档案中记录的奶牛生长、繁育、生产等信息，对这些信息设定预警限，超过预警限则自动预警，以确保对奶牛生产的实时管理。这些预警有：首次发情预警、适配牛预警、妊检预警、转舍预警、产前围产期预警、牛奶品质预警、产奶量预警、干奶预警、淘汰牛预警。

● **奶牛防疫的各项预警**　根据电子档案中的兽医保健登记信息，对这些信息设定预警限，超过预警限则自动预警，以保障对奶牛保健的实时管理。这些预警有：休药期预警、检疫预警、免疫预警、消毒预警。

第二节　奶牛场经营管理

在奶牛场的经营管理中要做到：经营管理目标明确，保证正常的繁殖率，科学合理供给日粮，提高单产，降低综合成本，重视资料记录，提高经济效益，环保达标。

一、奶牛场组织结构

规模化奶牛场一般由场长、生产部、技术部、购销部、财务部、行政办等构成。

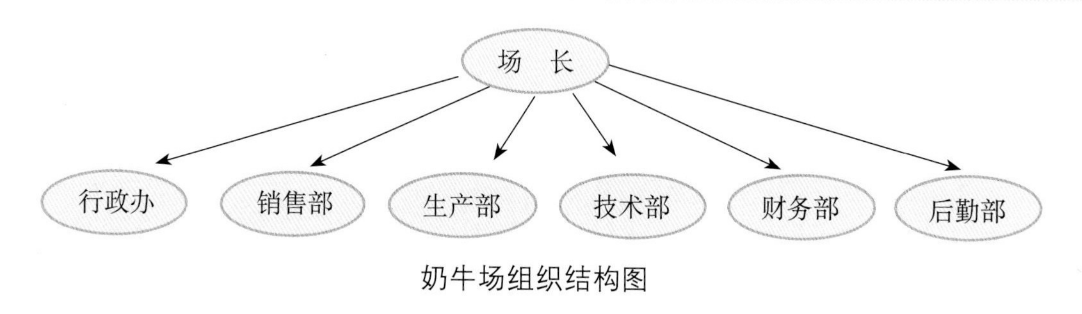

奶牛场组织结构图

二、奶牛场各类人员的岗位职责

● **场长**　贯彻行业法规，服从监督管理，签订经济合同，决定机构设置和人员配置，协调各方面关系，决定经营计划和投资方案，制定预算决算方案、利润分配方案及弥补亏损方案，制定牛场管理制度。

● **技术人员**　合理制定饲养方案、防疫计划、饲养管理规程、牛群周转计划，认真填写和上报全场工作情况，学习和掌握疫病防治新技术和新方法，熟悉发生疫情时的处理办法。

● **挤奶员**　按挤奶规程挤奶，挤奶前检查挤奶机等有关器具是否清洁、齐全，是否工作正常，负责挤奶设备的清洗和维护，并检查奶牛有无乳房炎，牛奶是否有异常。

● **饲养员职责**　按饲料定额和饲养方案喂牛，饲喂前清洗饲槽，保证饲料新鲜，观察牛只食欲、精神和粪便情况，发现异常及时汇报，做好交接班工作。

● **其他岗位职责**　严格遵守各岗位的操作规章制度，认真完成本职工作。

三、奶牛场各类人员定额管理

● **繁殖员** 每人定额250头。

● **兽医** 每人定额200 ~ 250头。

● **挤奶员** 手工挤奶每人管理12头奶牛，管道式机械挤奶每人管理40头左右，挤奶厅机械挤奶每人管理约70头奶牛。

● **饲养员** 每位饲养员的定额，按生产阶段划分，在人工饲喂条件下分别是：①未满周岁犊牛约50头。②育成牛120头。③成母牛120头。④围产期母牛约20头。若采用TMR饲喂，1 000头奶牛场可节省10名饲养员。

● **饲料加工人员** 每人可负责120 ~ 150头牛的饲料供应。

四、奶牛场生产经营责任制

奶牛场需根据自身组织管理、人员配置、岗位职责、定额管理等方面的特点，在不违反国家有关法律、法规的基础上，制订符合自己的以责任制为中心的经营管理制度。这些经营管理制度应包括：

● **岗位职责** 对各类人员的岗位职责做详细规定，作为考核依据。

● **考勤制度** 对员工出勤情况，如迟到、早退、旷工、休假等进行登记，作为发放工资、奖金的重要依据。

● **劳动纪律** 根据不同岗位的劳动特点分类制定。凡影响到安全生产和产品质量的一切行为，都应制定出详细奖惩办法。

● **医疗保健制度** 全场职工定期进行职业病检查，对患病者进行及时治疗，并按规定发给保健费。

● **饲养管理制度** 制定针对奶牛生产的各环节的技术操作规程。要求职工共同遵守执行，实行人、牛固定责任制。

● **学习制度** 定期交流经验或派出学习，以提高职工的技术水平。

五、奶牛场财务管理

● **成本定额管理** 成本定额管理是奶牛场理财和节约开支的根本，其计算基础是牛群饲养日成本。

$$牛群饲养日成本=\frac{牛群饲养费用}{牛群饲养头\cdot 日数}$$

牛群饲养费定额=牛群饲养日成本各项费用定额之和=工资福利费定额+饲料费定额+燃料费定额+动力费定额+医药费定额+牛群摊销费定额+固定资产折旧费定额+固定资产修理费定额+低值易耗品费用定额+企业管理费定额

各项费用定额可参照历年的实际费用、当年的生产条件及生产计划来确定。

● **财务收支管理**　对收入和支出进行管理，确保奶牛场财务健康，其要点如下：

奶牛场支出=饲料支出+兽药支出+工资支出+水电费+设备维修费

奶牛场收入=产奶收入+公牛犊收入+淘汰牛收入+粪便收入

净利润=收入－支出

财务支出必须认真填写领款凭证，并有经手人、主管领导及保管员签字方可报销，购买物品必须有统一发票，经手人、场领导审批签字，所购物品必须按金额、种类入易耗品、低值耐久或财产账，购原料一律加仓库管理员签字并入账。奶牛场各部门因采购形成的应付票据应及时进行账务处理，登记相应的账簿，定期与相关部门对账，保证双方账目核对一致。

● **库存现金管理**　现金出纳员必须严格和妥善保管金库密码和钥匙，随时接受开户银行和本单位领导的检查监督。

● **银行存款管理**　每个银行账号必须有一本银行存款明细账，出纳员应及时将奶牛场银行存款明细账与银行对账单逐笔进行核对。从银行取回的各种结算凭证，要及时入账。

● **资金安全管理**　建立奶牛场资金安全保障机制，包括审批授权制度、复核制度、授信制度、结算制度、盘点制度等相关的资金保障制度，用制度来保证资金的安全使用。非出纳人员不能办理现金、银行收付业务，现金出纳员不得担当制证工作，只能由财务部指定的制单人制单。银行支票与银行预留印鉴分管。

附录一　奶牛标准化示范场验收评分标准

<table>
<tr><td colspan="3">申请验收单位：</td><td colspan="3">验收时间：　　年　　月　　日</td></tr>
<tr><td rowspan="4">必备条件（任一项不符合不得验收）</td><td colspan="2">1.场址不得位于《中华人民共和国畜牧法》明令禁止区域，并符合相关法律法规及区域内土地使用规划</td><td colspan="3" rowspan="4">可以验收□
不予验收□</td></tr>
<tr><td colspan="2">2.具备县级以上畜牧兽医部门颁发的《动物防疫条件合格证》，两年内无重大疫病和产品质量安全事件发生</td></tr>
<tr><td colspan="2">3.具有县级以上畜牧兽医行政主管部门备案登记证明；按照农业部《畜禽标识和养殖档案管理办法》要求，建立养殖档案</td></tr>
<tr><td colspan="2">4.奶牛存栏200头以上，生鲜乳生产、收购、贮存、运输和销售符合《乳品质量安全监督管理条例》、《生鲜乳生产收购管理办法》的有关规定。执行《奶牛场卫生规范》（GB16568—2006）。设有生鲜乳收购站的，有《生鲜乳收购许可证》，生鲜乳运输车有《生鲜乳准运证明》</td></tr>
<tr><th>验收项目</th><th>考核内容</th><th>考核具体内容及评分标准</th><th>满分</th><th>得分</th><th>扣分原因</th></tr>
<tr><td rowspan="7">一、选址与建设（21分）</td><td rowspan="3">（一）选址（4分）</td><td>距离生活饮用水源地、居民区和主要交通干线、其他畜禽养殖场及畜禽屠宰加工、交易场所500米以上，得1分</td><td>1</td><td></td><td></td></tr>
<tr><td>地势高燥，得1分；通风良好，得1分</td><td>2</td><td></td><td></td></tr>
<tr><td>场址远离噪音，得1分</td><td>1</td><td></td><td></td></tr>
<tr><td rowspan="4">（二）基础设施（6分）</td><td>提供水质检测报告，并且符合《生活饮用水卫生标准》的规定，得1分；水源稳定，得1分</td><td>2</td><td></td><td></td></tr>
<tr><td>电力供应充足，有保障（备有发电机组），得1分</td><td>1</td><td></td><td></td></tr>
<tr><td>交通便利，有硬化路面直通到场，得1分</td><td>1</td><td></td><td></td></tr>
<tr><td>具备全混合日粮（TMR）饲喂设备，并能够在日常饲养管理中有效实施，得1分；具备TMR混合均匀度与含水量测定仪器和日常记录，得1分</td><td>2</td><td></td><td></td></tr>
</table>

（续）

验收项目	考核内容	考核具体内容及评分标准	满分	得分	扣分原因
一、选址与建设（21）分	（三）场区布局（6分）	在场区入口处设有人员消毒室、车辆消毒池等防疫设施，并能够有效实施，得1分	1		
		场区有防疫隔离带，得1分；场区内生活管理区、生产区、辅助生产区、病畜隔离区、粪污处理区明确划分，得2分；部分分开，得1分	3		
		犊牛舍、育成（青年）牛舍、泌乳牛舍、干奶牛舍、隔离牛舍布局合理，得2分	2		
	（四）场区卫生（5分）	场区环境整洁，得1分；场区内设有净道和污道，得1分；净道和污道严格分开，得2分，没有严格分开的，扣1分；场区内空闲地面进行了硬化或者绿化，得1分	5		
二、设施与设备（18分）	（一）牛舍（8分）	牛舍有固定、有效的降温（夏）防寒（冬）设施，得2分	2		
		1月龄内犊牛采用单栏饲养，得1分；1月龄后不同阶段采用分群饲养管理，得1分	2		
		采用自由散栏式饲养的牛舍建筑面积（成母牛）10米^2/头以上，每头牛一个栏位，得1分；而且垫料干净、平整、干燥，得1分	2		
		运动场面积（成母牛）每头不低于25米^2（自由散栏牛舍除外），得1分；有遮阳棚、饮水槽，得1分	2		
	（二）功能区（5分）	生活管理区与生产区严格分开，位于生产区的上风向；隔离区位于生产区的下风向，与生产区保持50米以上的卫生间距，得1分	1		
		饲草区、饲料区和青贮区设置在相邻的位置，便于TMR搅拌车工作，得1分	1		
		草料库、青贮窖和饲料加工车间有防火设施，得2分	2		
		粪污处理区和病牛隔离区与生产区在空间上隔离，单独通道，得1分	1		
	（三）挤奶厅（5分）	有与奶牛存栏量相配套的挤奶机械，得1分	1		
		挤奶厅有机房、牛奶制冷间、热水供应系统和办公室，得1分	1		
		挤奶厅有待挤区，能容纳一次挤奶头数2倍的奶牛，得1分	1		
		储奶厅有储奶罐和冷却设备，挤奶2小时内冷却到4℃以下，且不能低于冰点，得1分	1		
		输奶管存放良好、无存水，收奶区排水良好，地面硬化处理，墙壁防水处理，便于冲刷，得1分；不足之处，酌情扣分	1		

（续）

验收项目	考核内容	考核具体内容及评分标准	满分	得分	扣分原因
三、管理制度与记录（39分）	（一）饲养与繁殖技术（14分）	参加生产性能测定，得3分；有连续生产性能测定记录，得1分；记录规范，并做技术分析，得1分	5		
		系谱记录规范，有电子档案或纸质档案，按照国家统一编号规则编号，得1分；有年度繁殖计划、技术指标、实施记录与技术统计，得1分，缺项不得分	2		
		有完整的饲料原料采购计划和饲料供应计划，得1分；使用优质苜蓿，得2分；有日粮组成、配方记录，得1分	4		
		有常用饲料常规性营养成分分析检测记录，得1分；无使用国家禁止的饲料、添加剂和兽药记录，得1分	2		
		有根据奶牛不同生长和泌乳阶段制订的饲养规范和实施记录，得1分，缺项不得分	1		
	（二）疫病控制（12分）	有奶牛结核病、布鲁氏菌病的检疫记录和处理记录，得2分	2		
		有口蹄疫等国家规定疫病的免疫接种计划和实施记录，得2分，缺项不得分	2		
		有定期修蹄和肢蹄保健设施，并有相关记录，得1分	1		
		有传染病发生应急预案，隔离和控制措施，责任人明确，得1分	1		
		有预防、治疗奶牛常见疾病规程，得1分	1		
		有兽药使用记录，包括使用对象、使用时间和用量记录，记录完整，得2分；不完整，适当扣分	2		
		抗生素使用符合《奶牛场卫生规范》的要求，有奶牛使用抗生素隔离及解除制度和记录，得2分；记录不完整，适当扣分	2		
		有乳房炎处理计划，包括《治疗与干奶处理方案》，得1分	1		
	（三）挤奶管理（10分）	有《挤奶卫生操作制度》，并张贴上墙，得1分	1		
		挤奶工工作服干净，挤奶过程挤奶工手和胳膊保持干净，得1分，不完整，适当扣分	1		
		完全使用机器挤奶，输奶管道化，得1分	1		
		挤奶前后两次药浴，一头牛用一块毛巾（或一张纸巾）擦干乳房与乳头，得2分；不完整，适当扣分	2		
		将前三把奶挤到带有网状栅栏的容器中，观察牛奶的颜色和形状，得1分	1		

（续）

验收项目	考核内容	考核具体内容及评分标准	满分	得分	扣分原因
三、管理制度与记录（39分）	（三）挤奶管理（10分）	有将生产非正常生鲜乳（包括初乳、含抗生素乳等）奶牛安排到最后挤奶的记录与牛奶处理记录，得1分	1		
		输奶管、计量罐、奶杯和其他管状物清洁并正常维护，有挤奶器内衬等橡胶件的更新记录，得1分；大奶罐保持经常性关闭，得1分	2		
		按检修规程检修挤奶机，有检修记录，得1分	1		
	（四）从业人员管理（3分）	从业人员每年进行身体检查，有《身体健康证明》，得2分	2		
		有1名以上经过畜牧兽医专业知识培训的技术人员，持证上岗，得1分	1		
四、环保要求（12分）	（一）粪污处理（10分）	有固定的牛粪储存、堆放场所和设施，储存场所有防雨及防止粪液渗漏、溢流措施，满分为2分，不足之处适当扣分；采用农牧结合粪污腐熟还田，满分为2分，有不足之处适当扣分；有固液分离、有机肥或沼气设施进行粪污处理，得3分	7		
		有污水处理设施，得1分，污水处理设施运转正常，得1分，建贮液池，得1分；粪污未经处理直接排放，不得分	3		
	（二）病死牛无害化处理（2分）	病死牛均采取深埋或焚烧等方式进行无害化处理，得1分	1		
		有病死牛无害化处理记录，得1分	1		
五、生产水平和质量安全（10分）	（一）生产水平（4分）	泌乳牛年均单产大于6 000千克，得2分；大于7 000千克，得3分；大于8 000千克，得4分。此记录以DHI测定记录为依据	4		
	（二）生乳质量安全（6分）	乳蛋白率大于2.95%，乳脂率大于3.40%，得1分；乳蛋白率大于3.05%，乳脂率大于3.60%，得2分	2		
		体细胞数小于75万个/毫升，得1分；小于50万个/毫升，得2分	2		
		菌落总数小于50万个/毫升，得1分；小于20万个/毫升，得2分	2		
总　分			100		

验收专家签字：

附录二　奶牛膘情评定与体型线性鉴定

一、奶牛膘情评定

奶牛的膘情一般可采用5分评分法来进行评定，分值越高代表奶牛越肥。1分代表极瘦，5分代表极肥。

对奶牛进行膘情评定时须对奶牛进行侧面和后部观察。侧面观察的重点是髻甲、腰角、髋关节、短肋骨等部位。后部观察的重点有腰角、臀角、髋关节、短肋骨、荐坐韧带、尾根韧带等部位。评分时首先从侧面观察，以髋关节为参照点，评估腰角与臀角之间的角度，角度呈V形，评分≤3；角度呈U形，评分>3。

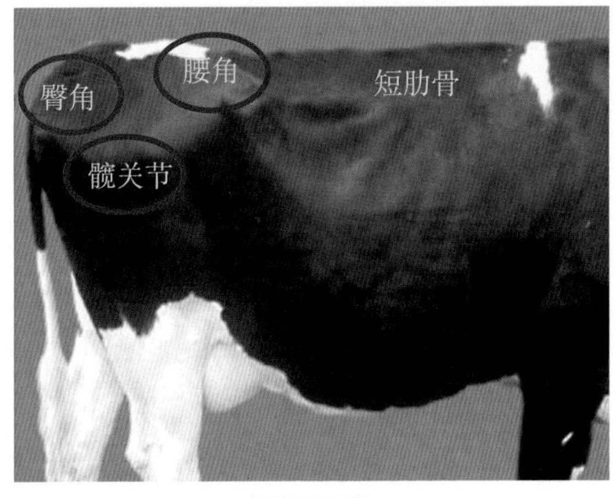

侧面观察

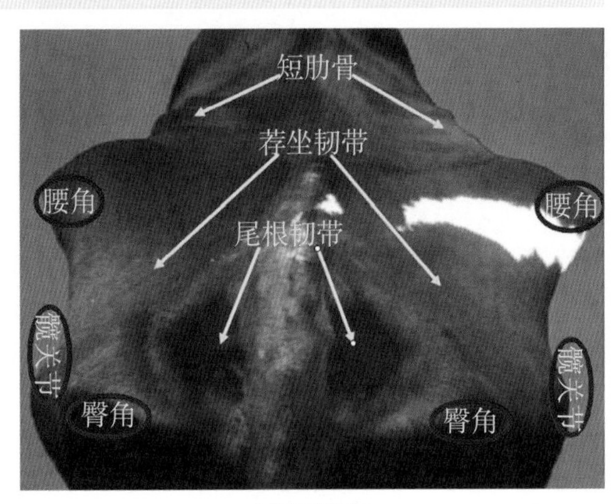

后部观察

泌乳阶段	理想的膘情分数	具体表现
干奶期	3.5	腰角与臀角之间的角度呈U形，腰角圆滑。荐坐韧带看得到，部分尾根韧带覆盖有脂肪，不易看清楚
产犊时	3.5	
青年母牛产犊时	3.5	
生长的青年母牛	3.0	腰角与臀角之间的角度呈V形，腰角圆滑
泌乳早期	3.0	
泌乳中期	3.25	腰角与臀角之间的角度呈U形，腰角圆滑。尾根韧带和荐坐韧带清晰可见
泌乳后期	3.75	腰角与臀角之间的角度呈U形，腰角圆滑。尾根韧带看不见，荐坐韧带仍看得见，但轮廓较模糊

二、奶牛体型线性鉴定

体型鉴定主要用于母牛鉴定，也可应用于公牛。母牛在1 ~ 4个泌乳期，每个泌乳期在泌乳的40 ~ 150天，挤奶前进行鉴定。

体型线性鉴定对象	观察部位	评判标准
体高	十字部到地面的垂直高度	1.45 ~ 1.5米为优
胸宽	奶牛两前肢内侧的胸底宽度	越宽越好
体深	体躯最后一根肋骨处腹部下沿的深度	深度要适当
尻角度	坐骨端与腰角的相对高度	腰角略高于坐骨端为好
尻宽	坐骨结节之间的宽度	越宽越好
后肢侧视	后肢飞节的弯曲程度	飞节过直或过曲都不好
前乳房附着	前乳房与体躯腹壁连接附着程度	附着越紧凑越好
后乳房附着高度	后乳房乳腺的最上缘与阴门基底部之间的距离	越高越好
后乳房附着宽度	后乳房乳腺组织的最上缘在后裆间的附着宽度	越宽越好
中央悬韧带（乳房悬垂、乳房支持）	乳房底部中隔纵沟深度	越深越好
乳房深度	牛乳房底部到飞节的距离	过浅、过深都不好
乳头位置	前、后乳头在乳房基部的位置	过于向外或过于向内都不好
乳头长度	乳头的长度	4 ~ 6厘米为适中
楞角性（乳用性、清秀度）	整体骨骼的3个三角形区（背部、侧面和正面）的清晰度	楞角越清秀越好

参 考 文 献

陈北亨，王建辰主编．2001．兽医产科学[M].北京：中国农业出版社．

李建国.2007．现代奶牛生产[M].北京：中国农业大学出版社．

Robert A. Luening．编著．2009．奶牛场经营与管理[M].李胜利，孙文志，主译．北京：中国农业出版社．

李伟国，柯阿龙，李胜利，等．2006．中国学生奶奶源管理技术手册[M]．李胜利，孙文志，主译．北京：中国农业出版社．

孟庆祥主译.2001．奶牛营养需要（NRC 第七次修订版）[M].北京：中国农业大学出版社．

农业部办公厅关于下发《奶牛标准化规模养殖生产技术规范（试行）》的通知．农办牧[2008]3号．

农业部办公厅关于印发《2011畜禽养殖标准化示范创建活动工作方案》的通知（农办牧[2011]5号）．

王成章，王恬.2003．饲料学[M].北京：中国农业出版社．

王之盛．2009．奶牛标准化规模养殖图册[M].北京：中国农业出版社．

赵兴绪.2002．兽医产科学[M].北京：中国农业出版社．

中国荷斯坦牛体型线性鉴定规程草案．

中华人民共和国农业部公告第168号　饲料药物添加剂使用规范．

DB11/T150-2002　奶牛饲养管理技术规范．

DB421100/T11-2010　奶牛综合标准．

GB 16568-2006　奶牛场卫生规范．

NY 5047-2001　无公害食品奶牛饲养兽医防疫准则．

NY/T 1445-2007　奶牛胚胎移植技术规程．

NY/T 1567-2007　标准化奶牛场建设规范．

NY/T 34-2004　奶牛饲养标准．

NY/T 5049-2001　无公害食品奶牛饲养管理准则．

Burns.1991.Silage production in Tennessee.University of Tennessee Agricultural Extension Service.P&SS Information Sheet 201.

dairyanimalscience.psu.edu/dairynutrition/documents/learntoscorebcs.ppt.

David Bade and Sim A. Reeves.Jr.2002.Hay：making,storing and feeding.Texas Cooperative

Extension,The Texas A&M University System.

http：//nhjy.hzau.edu.cn/kech/slx/jxzy.html.

http：//www.ansci.umn.edu/dairy/documents/judging_dairy_cattle.pdf.

John C.Porter.2004.Haymaking.University of New Hampshire Cooperative Extension.

Robert L. Stewart and Ronnie Silcox.2001. Ammoniation of Hay. The University of Georgia and Ft.Valley State University,the U.S. Department of Agriculture and Counties of the State Cooperating. Leaflet 402.

www.clsrecruitment.com/photogallery.htm.

图书在版编目（CIP）数据

奶牛标准化规模养殖图册 / 王之盛，刘长松主编
—北京：中国农业出版社，2013.1
（图解畜禽标准化规模养殖系列丛书）
ISBN 978-7-109-16356-0

Ⅰ. ①奶… Ⅱ. ①王… ②刘… Ⅲ. ①乳牛—饲养管理—图解 Ⅳ. ①S823.9-64

中国版本图书馆CIP数据核字（2011）第268413号

中国农业出版社出版
（北京市朝阳区农展馆北路2号）
（邮政编码 100125）
责任编辑 颜景辰

北京通州皇家印刷厂印刷 新华书店北京发行所发行
2013年1月第1版 2013年1月北京第1次印刷

开本：787mm × 1092mm 1/16 印张：11.25
字数：190千字
定价：88.00元